宜宾市
生态特色烟叶生产技术

曾淑华　杨　建　向金友　主编

中国农业科学技术出版社

图书在版编目（CIP）数据

宜宾市生态特色烟叶生产技术／曾淑华，杨建，向金友主编. --北京：中国农业科学技术出版社，2022.7
ISBN 978-7-5116-5784-8

Ⅰ.①宜… Ⅱ.①曾… ②杨… ③向… Ⅲ.①烟叶–栽培技术–宜宾 Ⅳ.①S572

中国版本图书馆 CIP 数据核字（2022）第 096501 号

责任编辑 申 艳
责任校对 王 彦
责任印制 姜义伟 王思文

出 版 者 中国农业科学技术出版社
         北京市中关村南大街 12 号   邮编：100081
电   话 (010) 82106636 (编辑室)   (010) 82109702 (发行部)
         (010) 82109709 (读者服务部)
网   址 https://castp.caas.cn
经 销 者 各地新华书店
印 刷 者 北京建宏印刷有限公司
开   本 185 mm×260 mm 1/16
印   张 11
字   数 260 千字
版   次 2022 年 7 月第 1 版 2022 年 7 月第 1 次印刷
定   价 65.00 元

《宜宾市生态特色烟叶生产技术》

编 委 会

前　言

　　烟草是宜宾市重要的经济作物之一，宜宾市烟区具有良好的植烟生态环境。要贯彻落实中央绿色发展理念，充分挖掘和发挥生态优势，开发优质、特色、生态、安全烟叶，需要因地制宜形成一套生产技术体系，指导当地烟叶生产技术转型升级，将生态优势转化为烟叶质量特色优势，这对促进烟区烟农增收和乡村振兴具有重要意义。

　　随着中式卷烟的不断发展和人们对食品安全要求的不断提高，卷烟工业企业对烟叶原料质量特色和生态安全的要求也越来越高。因此，优质、特色、生态、安全的烟叶成为烟区的核心竞争力。本书是在宜宾市烟草公司"宜宾市生态烟叶开发""烤烟焦甜香韵特色的生态区域定位及配套施肥技术研究与应用"等科技项目研究和开展生态烟叶种植基地示范的基础上，借鉴近年来行业相关研究成果，形成的一套适合宜宾市烟区的生态特色烟叶生产技术，具体阐述了宜宾生态特色烟叶的植烟生态环境、配套生产技术、特色形成机理、生态烟叶 BMPs 管理模式等内容，突出理论与实践相结合，可为当地烟叶生产提供技术指导，也可作为烟草科研及生产部门、同行专家和学者的借鉴参考资料。

　　本书在编写过程中得到四川省烟草公司、宜宾市烟草公司和四川农业大学农学院领导、专家的支持和帮助，在此一并感谢。由于编者的水平有限，书中疏漏和不足之处在所难免，恳请同行和广大读者批评指正，以便不断改进完善。

编　者

2022 年 2 月 12 日

目　　录

宜宾市烟区生态条件概况

适宜的自然生态条件是生产优质烟叶的基础。只有在温湿度适宜、降水适量、光照充足、无大风和冰雹等气候条件下才能产出优质的烟叶。大田生长期对烟叶质量影响较大的生态条件主要有土壤、温度、光照和降水等。

第一节　宜宾市植烟土壤状况

1　数据来源与分析方法

1.1　数据来源

2007—2015 年宜宾市植烟土壤养分含量数据来自宜宾市烟草公司植烟土壤长期定位监测点检测结果。

1.2　分析方法

数据采用 Excel 2010 和 SPSS 23.0 进行分析和处理。

2　结果与分析

2007—2015 年宜宾市植烟土壤养分分析结果见表 1-1。根据表 1-1 并参考《中国植烟土壤及烟草养分综合管理》（表 1-2）可知，宜宾市植烟土壤的 pH 为 4.14～8.17，平均值为 6.07；整体而言，其 pH 处于中等（39.4%）和偏酸（37.0%）的水平（图 1-1）。宜宾市植烟土壤的有机质含量为 0.75%～11.52%，平均值为 2.57%；其中，22.4% 的植烟土壤有机质含量处于低水平，28.5% 的植烟土壤有机质含量适中，28.5% 和 20.6% 的植烟土壤有机质含量分别为高和极高（图 1-2）。全氮含量为 0.34～4.38 g/kg，平均值为 1.59 g/kg。碱解氮含量为 33.00～485.00 mg/kg，平均值为 135.15 mg/kg；其中，36.7% 的植烟土壤碱解氮含量适中，36.1% 和 21.1% 的植烟土壤碱解氮含量高和极高，只有 6.1% 的植烟土壤碱解氮含量偏低（图 1-3）。全磷含量为 0.20～2.34 g/kg，平均值为 0.77 g/kg；有效磷含量 0.80～110.38 mg/kg，平均值为 16.44 mg/kg；其中，38.8% 的植烟土壤有效磷含量适中，17.6% 和 20.0% 有效磷含量分别为极低和低，19.4% 和 4.2% 有效磷含量分别为高和极高（图 1-4）。宜宾市植烟土壤的全钾含量为 7.30~53.28 mg/kg，平均值为 22.15 g/kg；速效钾含量为 26.40~637.19 mg/kg，平均值为 175.49 mg/kg；其中，20.0%的植烟土壤速效钾含量适中，18.2%和 33.9%速效钾含量分别为极低和低，17.0%和 10.9%速效钾含量分别为高和极高（图 1-5）。有效硫的含量为 10.90~231.70 mg/kg；平均值为 38.42 mg/kg；其中，15.9%的植烟土壤有效硫含量适中，46.3%和 37.8%有效硫含量分别为高和极高（图 1-6）。宜宾市植烟土壤交换性钙含量为 2.50~41.73 cmol/kg，平均值为 13.71 cmol/kg；其中，0.6%和 13.3%交换性钙含量分别为极低和低，24.8%适中，40.7%和 20.6%交换性钙含量分别为高和极高（图 1-7）。宜宾市植烟土壤交换性镁含量为 0.33~6.45 cmol/kg；平均值为 1.47 cmol/kg；其中，25.5%的植烟土壤交换性镁含量偏低，49.0%含量适中，18.2%和 7.3%含量分别为偏高和极高（图 1-8）。有效锌含量为 0.39~13.50 mg/kg，平均值为 2.57 mg/kg；其中，17.0%有效锌含量适中，18.2%和 60.6%含量偏高和极高（图 1-9）。宜宾市植烟土壤有效硼含量为 0.07~2.11 mg/kg，平均值为 0.32 mg/kg；其中，9.3%有效硼含量适中，55.3%和 33.3%含量分别为极低和低（图 1-10）。宜宾市植烟土壤水溶性氯含量为 0.00~96.56 mg/kg，平均值为 6.89 mg/kg；其中，60.6%和 18.2%水溶性氯含量分别为极低和低，只有 17.0%的植烟土壤水溶性氯含量适中（图 1-11）。

表 1-1 宜宾市植烟土壤养分含量

指标	平均值	最小值	最大值	标准差	变异系数
pH	6.07	4.14	8.17	1.03	0.17
有机质（%）	2.57	0.75	11.52	1.42	0.53
全氮（g/kg）	1.59	0.34	4.38	0.66	0.41
碱解氮（mg/kg）	135.15	33.00	485.00	63.83	0.46
全磷（g/kg）	0.77	0.20	2.34	0.34	0.43
有效磷（mg/kg）	16.44	0.80	110.38	14.83	0.92
全钾（g/kg）	22.15	7.30	53.28	8.46	0.38
速效钾（mg/kg）	175.49	26.40	637.19	122.23	0.74
有效硫（mg/kg）	38.42	10.90	231.70	27.64	0.66
有效硼（mg/kg）	0.32	0.07	2.11	0.18	0.53
交换性钙（cmol/kg）	13.71	2.50	41.73	7.40	0.53
交换性镁（cmol/kg）	1.47	0.33	6.45	0.95	0.65
有效铜（mg/kg）	2.02	0.25	13.71	1.59	0.76
有效锌（mg/kg）	2.57	0.39	13.50	2.08	0.77
有效铁（mg/kg）	41.93	5.54	207.19	29.06	0.69
有效锰（mg/kg）	38.22	1.90	152.65	31.70	0.85
阳离子交换量（cmol/kg）	14.97	6.78	28.92	3.48	0.23
水溶性氯（mg/kg）	6.89	0.00	96.56	8.54	1.40

第一章

表 1-2 植烟土壤养分含量丰缺划分标准

指标	极低	低	中等	高	极高
pH		＜5.5	5.5~7.0	7.0~7.5	≥7.5
有机质（%）		＜1.5	1.5~2.5	2.5~3.5	≥3.5
碱解氮（mg/kg）		＜60	60~120	120~180	≥180
有效磷（mg/kg）	＜5	5~10	10~20	20~40	≥40
速效钾（mg/kg）	＜80	80~150	150~220	220~350	≥350
有效硫（mg/kg）	＜5	5~10	10~20	20~40	≥40
交换性钙（cmol/kg）	＜3	3~6	6~10	10~18	≥18
交换性镁（cmol/kg）		＜0.8	0.8~1.6	1.6~3.2	≥3.2
有效锌（mg/kg）		＜0.5	0.5~1.0	1.0~1.5	≥1.5
有效硼（mg/kg）	＜0.3	0.3~0.5	0.5~1.0	1.0~3.0	≥3.0
水溶性氯（mg/kg）	＜5	5~10	10~20	20~30	≥30

数据来源：《中国植烟土壤及烟草养分综合管理》（陈江华等，2008）。

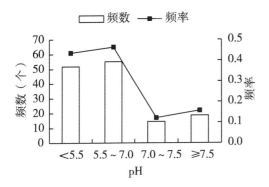

图 1-1 2007—2015 年宜宾市
植烟土壤 pH 分析

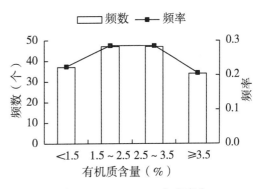

图 1-2 2007—2015 年宜宾市
植烟土壤有机质含量分析

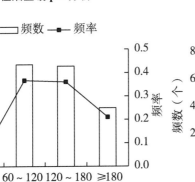

图 1-3 2007—2015 年宜宾市植烟
土壤碱解氮含量分析

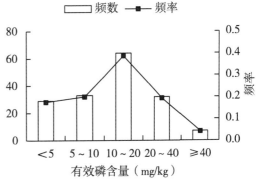

图 1-4 2007—2015 年宜宾市植烟
土壤有效磷含量分析

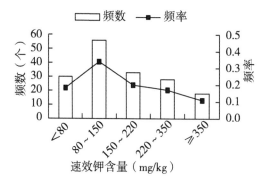

图 1-5 2007—2015 年宜宾市植烟
土壤速效钾含量分析

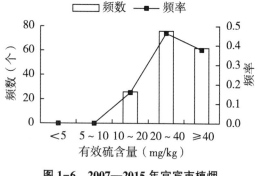

图 1-6 2007—2015 年宜宾市植烟
土壤有效硫含量分析

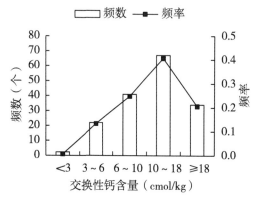

图 1-7 2007—2015 年宜宾市植烟
土壤交换性钙含量分析

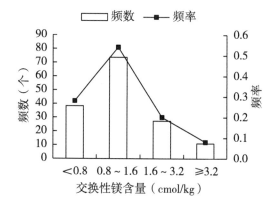

图 1-8 2007—2015 年宜宾市植烟
土壤交换性镁含量分析

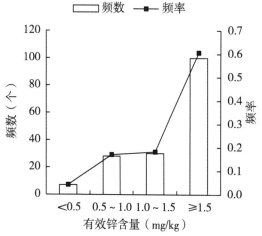

图 1-9 2007—2015 年宜宾市植烟
土壤有效锌含量分析

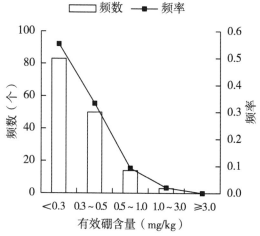

图 1-10 2007—2015 年宜宾市植烟
土壤有效硼含量分析

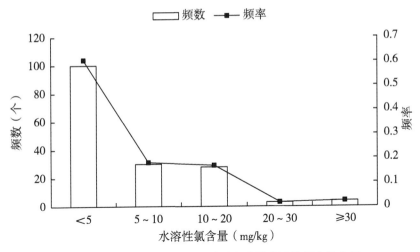

图 1-11　2007—2015 年宜宾市植烟土壤水溶性氯含量分析

3　结论

通过对 2007—2015 年宜宾市植烟土壤养分分析，得出以下土壤改良和施肥建议。

宜宾市植烟土壤处于微酸至中性，总体上为优质烤烟生产的适宜酸碱度，但也有部分土壤偏酸，需要通过土壤改良措施调节土壤酸碱度，如施用生石灰或其他土壤改良剂、种植绿肥、实施秸秆还田等措施。

宜宾市土壤有机质、碱解氮和交换性钙含量处于适中—高水平，因此，生产上氮肥的施用应采取控氮施肥技术，如减少氮素施用量、优化氮肥施用方法、调节氮素形态及基追比等技术措施。

宜宾市土壤有效硫和有效锌含量处于高—极高水平，应控制含硫和锌肥料的施用。

宜宾市土壤有效磷和交换性镁含量总体处于中等水平，对部分缺磷土壤应施用钙镁磷肥，同时调节偏酸土壤酸碱度。

宜宾市土壤速效钾处于低—中等水平，在烟叶生产上可采取适当增加钾肥的施用量及优化施肥方式、推广秸秆还田等措施。

宜宾市土壤有效硼和水溶性氯含量处于极低—低水平，在烟叶生产上应补充含硼微量元素肥料或在有机肥中添加硼肥，根据土壤养分和烟叶内在化学成分检测结果，因地制宜地采取控制性氯肥施用措施。

第二节　宜宾市烟区气象条件

1　数据来源与分析方法

1.1　数据来源

2007—2017 年宜宾市各县旬平均气温、降水和日照时数由四川省气象探测数据中心提供。

1.2 分析方法

数据采用 Excel 2010 和 SPSS 23.0 进行分析和处理。

2 结果与分析

2.1 宜宾市产烟县 2007—2017 年月平均气温和 4—9 月旬平均气温

由表 1-3 可知，从全年看，宜宾市 4 个产烟县 1 月的平均气温最低，为 7.21 ~ 8.31 ℃，其次为 12 月，为 8.85 ~ 9.94 ℃；7 月的温度最高，均在 27 ℃ 左右，其次为 8 月，为 26.22 ~ 27.39 ℃。从温度波动变化来看，1—3 月最高气温和最低气温的变化较大，其中 1 月的波动最大，变异系数为 0.19 ~ 0.25，最高气温与最低气温相差 5.26 ~ 5.74 ℃，筠连县的温度波动最明显，且平均气温和最低气温最小，分别为 7.21 ℃ 和 3.53 ℃，屏山县的温度波动较小，且平均气温和最低气温最高，分别为 8.31 ℃ 和 4.77 ℃。7 月温度波动变化相对较小，变异系数为 0.02 ~ 0.03，最高气温与最低气温相差 2.04 ~ 2.96 ℃。对 4 个县而言，1—5 月及 10—12 月屏山县的平均气温最高，筠连县的平均温度最低；6—9 月兴文县的平均气温最高，筠连县的平均温度最低。对于烟叶生产而言，4 个县 4 月的平均气温为 18.45 ~ 19.27 ℃，均大于 18.0 ℃，能满足烟苗移栽时对气温的需求；9 月的平均气温为 22.50 ~ 23.47 ℃，均大于 20 ℃，能满足烟叶成熟采收对气温的要求。

表 1-3 宜宾市产烟县 2007—2017 年月平均气温

月份	指标	珙县	屏山县	筠连县	兴文县	月份	指标	珙县	屏山县	筠连县	兴文县
1 月	平均值（℃）	7.83	8.31	7.21	7.75	6 月	平均值（℃）	24.55	24.89	23.97	24.63
	最大值（℃）	9.81	10.03	9.27	9.77		最大值（℃）	26.20	26.60	25.63	26.67
	最小值（℃）	4.50	4.77	3.53	4.43		最小值（℃）	22.70	23.03	22.47	22.77
	变异系数	0.22	0.19	0.25	0.23		变异系数	0.05	0.05	0.05	0.05
2 月	平均值（℃）	10.47	10.78	9.91	10.18	7 月	平均值（℃）	27.17	27.04	26.39	27.69
	最大值（℃）	13.90	14.20	13.80	13.53		最大值（℃）	28.22	28.11	27.23	29.23
	最小值（℃）	6.93	7.30	6.57	6.80		最小值（℃）	26.30	26.07	25.13	26.27
	变异系数	0.20	0.20	0.23	0.19		变异系数	0.03	0.02	0.03	0.03
3 月	平均值（℃）	14.31	14.94	14.09	14.68	8 月	平均值（℃）	26.84	26.87	26.22	27.39
	最大值（℃）	17.83	18.60	17.63	18.27		最大值（℃）	28.87	28.97	28.07	29.87
	最小值（℃）	11.73	12.00	10.90	11.70		最小值（℃）	25.17	25.13	24.50	25.20
	变异系数	0.12	0.11	0.12	0.12		变异系数	0.04	0.04	0.04	0.05
4 月	平均值（℃）	18.89	19.27	18.45	19.25	9 月	平均值（℃）	23.03	23.05	22.50	23.47
	最大值（℃）	19.70	20.43	19.27	20.20		最大值（℃）	24.47	24.80	24.27	25.17
	最小值（℃）	16.23	16.53	16.03	16.47		最小值（℃）	21.93	21.97	21.37	22.30
	变异系数	0.05	0.05	0.05	0.06		变异系数	0.04	0.04	0.05	0.04
5 月	平均值（℃）	22.29	22.73	21.77	21.89	10 月	平均值（℃）	18.76	19.01	18.28	18.79
	最大值（℃）	23.77	24.53	23.40	23.37		最大值（℃）	19.70	19.90	19.43	19.73
	最小值（℃）	21.03	21.43	20.07	18.23		最小值（℃）	17.80	17.73	17.30	17.23
	变异系数	0.04	0.04	0.04	0.07		变异系数	0.04	0.03	0.04	0.04

（续表）

月份	指标	珙县	屏山县	筠连县	兴文县	月份	指标	珙县	屏山县	筠连县	兴文县
11月	平均值（℃）	14.25	14.55	13.70	13.96	12月	平均值（℃）	9.56	9.94	8.85	9.27
	最大值（℃）	16.37	16.70	15.67	16.27		最大值（℃）	11.14	10.69	10.34	11.07
	最小值（℃）	12.57	13.13	12.23	12.37		最小值（℃）	8.43	8.80	7.43	8.23
	变异系数	0.08	0.07	0.08	0.09		变异系数	0.08	0.05	0.12	0.09

由表1-4可知，4月上旬4个县的平均气温为16.25~17.60 ℃，最低气温为14.00~14.90 ℃。兴文县的平均气温和最低气温最高，分别为17.60 ℃和14.90 ℃，筠连县的平均气温和最低气温最低，分别为16.25 ℃和14.00 ℃，4个县的气温变异系数均在0.10左右。4月中旬和下旬4个县的平均气温均接近20 ℃，筠连县的平均气温最低，分别为19.50 ℃和19.47 ℃，屏山县的平均气温最高，分别为20.25 ℃和20.49 ℃，能满足烟苗移栽到大田后对温度的需求。5月上旬至8月下旬的平均气温及5月下旬至8月下旬的最低气温均高于20 ℃，说明大于20 ℃的持续天数在100 d左右，能满足生产优质烟叶对温度的需求。7月下旬4个县的平均气温最高，为26.94~28.69 ℃，最高气温为28.10~31.00 ℃，最低气温为25.10~26.80 ℃。其中，兴文县的平均气温、最高气温和最低气温最高，分别为28.69 ℃、31.00 ℃和26.80 ℃；筠连县的平均气温、最高气温和最低气温最高，分别为26.94 ℃、28.10 ℃和25.10 ℃。9月中旬和下旬4个县的平均气温均大于20 ℃，兴文县的平均气温最高，分别为23.59 ℃和22.03 ℃；筠连县的平均气温最低，分别为22.43 ℃和21.50 ℃。9月中旬筠连县的最低气温为19.60 ℃，其余3县的最低气温均在20 ℃以上；9月下旬筠连县的最低气温为18.20 ℃，其余3县均为19.00 ℃。整体而言，4个县的气温能满足烟叶成熟期对温度的需求。

表1-4 宜宾市产烟县2007—2017年4—9月旬平均气温

月份	旬	指标	珙县	屏山县	筠连县	兴文县	月份	旬	指标	珙县	屏山县	筠连县	兴文县
4月	上旬	平均值（℃）	16.76	16.96	16.25	17.60	5月	上旬	平均值（℃）	21.80	22.36	21.27	22.01
		最大值（℃）	19.39	19.34	18.88	20.20			最大值（℃）	24.20	25.10	23.70	24.80
		最小值（℃）	14.60	14.80	14.00	14.90			最小值（℃）	18.70	19.20	17.60	18.50
		变异系数	0.11	0.10	0.10	0.11			变异系数	0.08	0.09	0.09	0.08
	中旬	平均值（℃）	19.79	20.25	19.50	19.84		中旬	平均值（℃）	22.32	22.74	21.83	22.42
		最大值（℃）	22.40	23.20	21.90	22.70			最大值（℃）	23.50	24.20	23.10	23.80
		最小值（℃）	15.80	16.30	16.00	15.80			最小值（℃）	19.30	19.60	19.40	19.10
		变异系数	0.09	0.10	0.09	0.10			变异系数	0.05	0.06	0.05	0.07
	下旬	平均值（℃）	19.94	20.49	19.47	20.32		下旬	平均值（℃）	22.73	23.15	22.22	22.50
		最大值（℃）	23.10	24.00	22.60	23.70			最大值（℃）	25.10	26.40	25.20	24.40
		最小值（℃）	18.00	18.40	17.60	18.50			最小值（℃）	21.20	21.28	20.50	21.30
		变异系数	0.09	0.10	0.10	0.10			变异系数	0.05	0.07	0.06	0.04

（续表）

月份	旬	指标	珙县	屏山县	筠连县	兴文县	月份	旬	指标	珙县	屏山县	筠连县	兴文县
6月	上旬	平均值（℃）	23.96	24.46	23.40	23.98	8月	上旬	平均值（℃）	27.36	27.13	26.56	27.71
		最大值（℃）	25.60	25.90	25.10	26.10			最大值（℃）	29.00	28.60	28.10	29.40
		最小值（℃）	20.60	21.20	20.50	20.50			最小值（℃）	25.70	25.70	25.20	25.70
		变异系数	0.06	0.06	0.06	0.07			变异系数	0.04	0.03	0.04	0.05
	中旬	平均值（℃）	24.40	24.78	23.85	24.62		中旬	平均值（℃）	27.72	27.62	27.02	28.30
		最大值（℃）	27.80	27.80	27.30	28.60			最大值（℃）	32.20	31.80	31.50	34.00
		最小值（℃）	22.89	23.20	22.11	22.80			最小值（℃）	24.90	24.70	23.70	25.00
		变异系数	0.06	0.06	0.06	0.07			变异系数	0.08	0.07	0.08	0.10
	下旬	平均值（℃）	25.29	25.42	24.66	25.30		下旬	平均值（℃）	25.77	25.77	25.08	26.15
		最大值（℃）	27.20	27.80	27.00	27.20			最大值（℃）	28.10	28.60	27.20	28.80
		最小值（℃）	23.30	23.20	22.30	22.80			最小值（℃）	23.40	23.40	23.10	23.90
		变异系数	0.06	0.07	0.06	0.06			变异系数	0.07	0.07	0.06	0.07
7月	上旬	平均值（℃）	26.55	26.42	25.93	26.91	9月	上旬	平均值（℃）	24.10	24.09	23.56	24.80
		最大值（℃）	28.10	27.90	27.60	29.10			最大值（℃）	27.70	27.90	27.80	28.80
		最小值（℃）	24.20	24.20	23.40	24.00			最小值（℃）	20.40	21.00	19.80	20.80
		变异系数	0.05	0.04	0.05	0.06			变异系数	0.09	0.09	0.10	0.10
	中旬	平均值（℃）	27.06	26.87	26.29	27.48		中旬	平均值（℃）	23.06	23.10	22.43	23.59
		最大值（℃）	28.70	28.40	28.50	29.90			最大值（℃）	26.90	26.90	26.80	27.60
		最小值（℃）	24.70	25.40	24.00	24.80			最小值（℃）	20.20	20.40	19.60	20.60
		变异系数	0.05	0.04	0.05	0.06			变异系数	0.08	0.08	0.09	0.09
	下旬	平均值（℃）	27.87	27.83	26.94	28.69		下旬	平均值（℃）	21.92	21.95	21.50	22.03
		最大值（℃）	30.00	29.90	28.10	31.00			最大值（℃）	24.60	24.50	24.90	25.70
		最小值（℃）	25.50	25.30	25.10	26.80			最小值（℃）	19.00	19.00	18.20	19.00
		变异系数	0.05	0.05	0.04	0.05			变异系数	0.07	0.06	0.08	0.08

2.2 宜宾市产烟县2007—2017年月平均降水量和4—9月旬平均降水量

宜宾市产烟县的月平均降水量见表1-5。由表1-5可知，珙县和兴文县的年降水量较高，分别为1 278.43 mm和1 174.10 mm，屏山县的年降水量较低，为930.44 mm；从全年看，4—10月为雨季，11月至翌年3月为旱季，其中2月的降水量最低，8月的降水量最高。11月至翌年3月4县的月平均降水量基本在50 mm以下，屏山县的平均降水量最少，兴文县的平均降水量较多。2月的平均降水量均在30 mm以下，屏山县只有11.26 mm，最大值和最小值分别为31.50 mm和0.20 mm；兴文县平均降水量最多，为28.61 mm，最大值和最小值分别为47.10 mm和13.70 mm。2月各县的降水量变异系数为0.32～0.90，降水量波动范围23.40～31.30 mm。8月各县的平均降水量均在200 mm以上，屏山县的平均降水量较低，为212.48 mm，最大值和最小值分别为276.00 mm和57.80 mm；珙县的平均降水量较大，为235.95 mm，最大值和最小值分别为355.60 mm和48.00 mm。

表 1-5 宜宾市产烟县 2007—2017 年月平均降水量

月	指标	珙县	屏山县	筠连县	兴文县	月	指标	珙县	屏山县	筠连县	兴文县
1月	平均值（mm）	31.04	11.68	26.71	34.88	7月	平均值（mm）	215.44	204.10	191.38	160.81
	最大值（mm）	55.50	29.40	47.60	67.50		最大值（mm）	383.70	359.10	274.20	221.10
	最小值（mm）	8.40	0.90	6.20	8.40		最小值（mm）	108.70	48.50	80.80	107.40
	变异系数	0.61	0.83	0.49	0.63		变异系数	0.36	0.48	0.31	0.23
2月	平均值（mm）	27.20	11.26	23.23	28.61	8月	平均值（mm）	235.95	212.48	219.26	216.07
	最大值（mm）	44.90	31.50	42.80	47.10		最大值（mm）	355.60	276.00	321.30	390.80
	最小值（mm）	4.20	0.20	8.80	13.70		最小值（mm）	48.00	57.80	81.60	54.00
	变异系数	0.47	0.90	0.50	0.32		变异系数	0.41	0.31	0.39	0.55
3月	平均值（mm）	52.79	35.63	40.34	56.80	9月	平均值（mm）	174.63	124.68	118.68	107.70
	最大值（mm）	109.00	97.00	69.50	82.30		最大值（mm）	370.30	263.80	249.60	277.50
	最小值（mm）	21.90	11.10	20.00	25.60		最小值（mm）	40.70	55.00	37.70	29.90
	变异系数	0.44	0.75	0.40	0.30		变异系数	0.56	0.55	0.53	0.69
4月	平均值（mm）	82.71	58.67	72.13	81.28	10月	平均值（mm）	105.06	55.25	87.23	103.30
	最大值（mm）	127.30	100.80	135.90	156.00		最大值（mm）	178.70	102.40	113.40	176.50
	最小值（mm）	29.00	15.20	24.40	23.00		最小值（mm）	58.30	30.80	59.70	49.90
	变异系数	0.43	0.49	0.46	0.48		变异系数	0.35	0.42	0.23	0.43
5月	平均值（mm）	103.58	70.15	88.13	118.30	11月	平均值（mm）	41.15	18.35	38.10	41.67
	最大值（mm）	170.20	95.50	123.40	192.00		最大值（mm）	68.50	38.10	61.70	88.30
	最小值（mm）	64.80	40.30	48.60	64.30		最小值（mm）	19.00	6.90	24.60	22.50
	变异系数	0.28	0.24	0.31	0.28		变异系数	0.40	0.58	0.29	0.48
6月	平均值（mm）	176.46	116.13	156.12	189.40	12月	平均值（mm）	32.42	12.06	25.76	35.28
	最大值（mm）	323.00	297.80	282.10	400.80		最大值（mm）	48.80	33.10	32.30	42.70
	最小值（mm）	92.90	37.80	62.40	95.30		最小值（mm）	20.20	4.40	15.40	26.40
	变异系数	0.48	0.56	0.48	0.50		变异系数	0.31	0.72	0.25	0.15

　　由表 1-6 可知，4 月上旬各县的平均降水量在 20 mm 左右。其中，珙县的平均降水量较大，为 26.92 mm，最大值为 85.60 mm；屏山县的平均降水量较小，为 19.61 mm，最大值为 58.90 mm。4 月中旬各县平均降水量为 15 mm 左右，其中，筠连县的平均降水量较大，为 15.44 mm，最大值为 68.80 mm，最小值为 0.20 mm；屏山县的平均降水量较小，为 13.30 mm，最大值和最小值分别为 62.80 mm 和 1.20 mm。4 月下旬珙县的平均降水量较大，为 40.83 mm，最大值和最小值分别为 102.80 mm 和 8.60 mm；屏山县的平均降水量较小，为 25.76 mm，最大值和最小值分别为 76.10 mm 和 0.50 mm，基本能满足烟苗移栽时对降水的需求。5—8 月，各旬平均降水量为 20~95 mm，整体能满足烟叶生长对降水

量的需求。整体来看，8月上旬的降水量较多，珙县、屏山县、筠连县和兴文县的平均降水量分别为 92.03 mm、93.31 mm、80.35 mm 和 95.38 mm，最大值分别为 221.00 mm、215.60 mm、184.10 mm 和 196.50 mm，而最小值分别为 10.50 mm、7.80 mm、17.00 mm 和 2.00 mm，整体而言能满足烟株生长对降水的需求。然而不难看出，降水年度间及月间分布不均衡，有的年份 10 d 的降水量高达 226.80 mm，雨水较多时营养淋失严重，不仅导致烟株叶片营养不均衡，还影响烟株根系的生长发育和吸收能力，烟叶徒长软弱；成熟期雨水多，易发生病害，烟叶不易烘烤，烤后烟叶组织疏松、叶片薄、油分少、弹性差、干物质积累少，不利于芳香物质的形成，味淡，缺乏香气。而有的年份 10 d 无降雨，雨水较少时烟株根系不能对营养物质较好地吸收利用；如果长期干旱还会导致烟株生长缓慢，叶片窄长不开张，产量明显降低，叶片厚，较难烘烤，烟叶组织粗糙、弹性差，蛋白质和烟碱等含氮化合物量相对增加，碳水化合物减少，香气少，吃味辛辣。

表 1-6 宜宾市产烟县 2007—2017 年 4—9 月旬平均降水量

月份	旬	指标	珙县	屏山县	筠连县	兴文县	月份	旬	指标	珙县	屏山县	筠连县	兴文县
4月	上旬	平均值（mm）	26.92	19.61	20.16	25.85	6月	上旬	平均值（mm）	55.37	33.64	48.88	58.63
		最大值（mm）	85.60	58.90	62.60	97.50			最大值（mm）	99.10	95.00	98.80	169.20
		最小值（mm）	1.80	2.00	2.60	0.50			最小值（mm）	3.00	8.10	6.40	1.20
		变异系数	0.82	0.91	0.89	1.10			变异系数	0.62	0.71	0.63	0.79
	中旬	平均值（mm）	14.96	13.30	15.44	15.11		中旬	平均值（mm）	44.37	34.72	34.61	46.12
		最大值（mm）	55.90	62.80	68.80	45.10			最大值（mm）	114.30	146.30	95.40	142.00
		最小值（mm）	1.00	1.20	0.20	2.00			最小值（mm）	10.30	7.10	10.80	4.80
		变异系数	1.03	1.31	1.27	0.77			变异系数	0.72	1.12	0.74	0.83
	下旬	平均值（mm）	40.83	25.76	36.53	40.32		下旬	平均值（mm）	76.72	47.77	72.63	84.65
		最大值（mm）	102.80	76.10	70.70	75.10			最大值（mm）	192.90	87.60	168.10	198.00
		最小值（mm）	8.60	0.50	4.20	7.40			最小值（mm）	8.70	4.80	6.20	34.10
		变异系数	0.74	0.93	0.56	0.54			变异系数	0.70	0.50	0.67	0.69
5月	上旬	平均值（mm）	32.41	27.58	33.05	49.41	7月	上旬	平均值（mm）	88.82	64.96	69.11	55.01
		最大值（mm）	73.20	62.80	76.60	133.10			最大值（mm）	226.80	153.30	187.10	121.30
		最小值（mm）	1.20	2.50	4.50	11.40			最小值（mm）	36.30	26.80	22.90	18.80
		变异系数	0.81	0.75	0.86	0.77			变异系数	0.66	0.59	0.80	0.70
	中旬	平均值（mm）	30.78	20.12	26.96	36.30		中旬	平均值（mm）	60.28	67.71	60.20	40.69
		最大值（mm）	46.00	50.00	55.30	70.10			最大值（mm）	112.40	186.30	103.20	98.40
		最小值（mm）	7.50	3.40	9.00	7.70			最小值（mm）	5.30	9.70	7.10	13.10
		变异系数	0.42	0.66	0.53	0.56			变异系数	0.56	0.71	0.55	0.63
	下旬	平均值（mm）	40.39	22.45	28.11	32.59		下旬	平均值（mm）	66.34	71.43	62.07	65.11
		最大值（mm）	101.10	48.20	45.90	48.90			最大值（mm）	147.60	150.60	154.30	133.90
		最小值（mm）	9.30	2.80	9.20	20.00			最小值（mm）	25.20	1.30	14.00	12.30
		变异系数	0.67	0.65	0.43	0.33			变异系数	0.54	0.74	0.68	0.61

（续表）

月份	旬	指标	珙县	屏山县	筠连县	兴文县	月份	旬	指标	珙县	屏山县	筠连县	兴文县
8月	上旬	平均值（mm）	92.03	93.31	80.35	95.38	9月	上旬	平均值（mm）	66.29	36.95	42.19	39.36
		最大值（mm）	221.00	215.60	184.10	196.50			最大值（mm）	190.80	94.10	82.90	81.50
		最小值（mm）	10.50	7.80	17.00	2.00			最小值（mm）	0.00	1.50	0.60	0.00
		变异系数	0.69	0.68	0.70	0.73			变异系数	0.87	0.72	0.65	0.79
	中旬	平均值（mm）	49.41	45.07	53.54	54.12		中旬	平均值（mm）	72.97	66.18	54.94	44.05
		最大值（mm）	125.80	92.00	128.80	174.70			最大值（mm）	165.30	159.30	133.50	148.20
		最小值（mm）	0.00	0.00	0.00	0.00			最小值（mm）	8.40	2.50	6.80	4.10
		变异系数	0.86	0.73	0.81	1.18			变异系数	0.76	0.86	0.74	1.02
	下旬	平均值（mm）	94.51	74.10	85.38	66.57		下旬	平均值（mm）	35.36	21.55	21.55	24.29
		最大值（mm）	262.00	164.70	261.30	172.20			最大值（mm）	134.50	44.20	58.00	47.80
		最小值（mm）	20.20	22.20	25.50	20.70			最小值（mm）	0.00	0.00	0.10	10.80
		变异系数	0.84	0.61	0.79	0.80			变异系数	1.06	0.78	0.72	0.47

2.3 宜宾市产烟县 2007—2017 年月平均日照时数和 4—9 月旬平均日照时数

由表 1-7 可知，筠连县和兴文县的月平均日照时数较高，而珙县的月平均日照时数较低，从全年看，筠连县和兴文县的年日照时数分别为 1 018.72 h 和 1 051.59 h，而珙县的年日照时数为 861.89 h。7 月的平均日照时数最长，珙县、屏山县、筠连县和兴文县分别为 144.52 h、137.86 h、165.34 h 和 197.91 h，最大值分别为 218.50 h、242.80 h、231.70 h 和 247.50 h，最小值分别为 100.70 h、50.90 h、119.80 h 和122.30 h。珙县和兴文县的最小日照时数出现在 12 月，平均日照时数分别为 26.70 h 和29.07 h，最大值分别为 57.50 h 和 51.90 h，最小值分别为 9.90 h 和 9.50 h；屏山县和筠连县的最小日照时数出现在 1 月，平均日照时数为 27.38 h 和 34.73 h，最大值分别为 64.90 h 和 71.80 h，最小值分别为 5.10 h 和 3.40 h。4—9 月 4 县的月平均日照时数均高于 80 h，5—8 月 4 县的月平均日照日时数均高于 100 h，能满足优质烟叶生产对日照时数的要求。

表 1-7 宜宾市产烟县 2007—2017 年月平均日照时数

月份	指标	珙县	屏山县	筠连县	兴文县	月份	指标	珙县	屏山县	筠连县	兴文县
1月	平均值（h）	28.36	27.38	34.73	29.97	3月	平均值（h）	66.82	81.23	87.21	83.36
	最大值（h）	50.70	64.90	71.80	62.70		最大值（h）	98.70	118.90	135.60	135.50
	最小值（h）	4.40	5.10	3.40	0.60		最小值（h）	41.60	44.30	50.10	46.10
	变异系数	0.56	0.77	0.62	0.61		变异系数	0.28	0.26	0.29	0.30
2月	平均值（h）	37.73	44.71	50.10	40.97	4月	平均值（h）	89.27	92.61	97.81	104.44
	最大值（h）	69.90	75.60	96.40	82.90		最大值（h）	125.00	138.70	148.30	141.50
	最小值（h）	5.30	7.50	11.10	11.40		最小值（h）	43.40	34.20	37.00	52.20
	变异系数	0.47	0.50	0.52	0.57		变异系数	0.30	0.33	0.40	0.27

（续表）

月份	指标	珙县	屏山县	筠连县	兴文县	月份	指标	珙县	屏山县	筠连县	兴文县
5月	平均值（h）	103.29	104.56	120.32	111.99	9月	平均值（h）	62.29	52.60	73.15	85.92
	最大值（h）	138.80	152.40	179.80	189.00		最大值（h）	108.20	82.80	119.90	146.00
	最小值（h）	61.20	59.20	75.70	61.80		最小值（h）	15.80	22.50	11.10	30.70
	变异系数	0.28	0.29	0.29	0.37		变异系数	0.46	0.36	0.46	0.40
6月	平均值（h）	81.88	84.77	95.26	98.00	10月	平均值（h）	40.56	43.67	52.06	55.82
	最大值（h）	117.80	145.30	166.10	193.10		最大值（h）	73.40	77.50	80.20	101.90
	最小值（h）	27.90	27.30	32.20	32.90		最小值（h）	14.70	11.80	17.30	20.10
	变异系数	0.39	0.46	0.53	0.61		变异系数	0.55	0.48	0.36	0.49
7月	平均值（h）	144.52	137.86	165.34	197.91	11月	平均值（h）	35.95	37.47	45.73	38.41
	最大值（h）	218.50	242.80	231.70	247.50		最大值（h）	64.00	56.30	66.90	67.10
	最小值（h）	100.70	50.90	119.80	122.30		最小值（h）	10.90	16.60	19.70	13.10
	变异系数	0.26	0.42	0.22	0.21		变异系数	0.52	0.33	0.39	0.47
8月	平均值（h）	144.52	137.17	159.77	175.73	12月	平均值（h）	26.70	31.20	37.24	29.07
	最大值（h）	235.20	208.12	249.70	275.20		最大值（h）	57.50	66.10	81.50	51.90
	最小值（h）	64.40	62.10	90.20	64.50		最小值（h）	9.90	8.50	11.60	9.50
	变异系数	0.32	0.33	0.31	0.32		变异系数	0.54	0.59	0.65	0.54

由表1-8可知，4—9月珙县、屏山县、筠连县和兴文县的日照时数分别为618.07 h、609.58 h、719.04 h和773.99 h，满足生产优质烟叶对光照条件的需求。4月上旬珙县、屏山县、筠连县和兴文县的平均日照时数分别为18.37 h、19.59 h、22.05 h和25.61 h，最大值分别为32.50 h、34.40 h、47.20 h和39.00 h，而最小值分别为7.30 h、4.40 h、8.70 h和8.90 h，整体而言日照时数较短。4月中旬4县的平均日照时数为40 h左右，珙县、屏山县、筠连县和兴文县的平均日照时数分别为39.18 h、41.22 h、46.52 h和41.95 h，基本能满足烟株生长对光照条件的需求，可以进行烟苗移栽。旬最大日照时数出现在7月下旬，珙县、屏山县、筠连县和兴文县的平均日照时数分别为65.55 h、63.45 h、72.94 h和84.87 h，最大值分别为100.60 h、114.90 h、107.80 h和117.30 h，最小值分别为38.60 h、32.00 h、44.70 h和54.70 h。9月上旬珙县、筠连县和兴文县的平均日照时数分别为22.27 h、25.32 h和31.26 h，而屏山县为16.92 h。9月中旬4县的平均日照时数均大于20 h。9月下旬筠连县和兴文县的平均日照时数分别为20.27 h和22.79 h，大于20 h，而珙县和屏山县分别为14.58 h和12.26 h；屏山县、筠连县和兴文县最小值均为0 h。另外，5月中旬、6月上旬和下旬、8月下旬（筠连县除外）、9月上中下旬日照时数的最小值小于10 h甚至为零，说明日照时数也存在月份间和旬间分布不均匀现象。日照时数过少说明阴雨天气

较多，对烟株生长发育造成影响，雨水较多时营养淋失严重，不仅导致烟株叶片营养不均衡，还影响烟株根系的生长发育和吸收能力，烟叶徒长软弱；成熟期雨水多，易发生病害，烟叶不易烘烤，烤后烟叶组织疏松、叶片薄、油分少、弹性差，干物质积累少，不利于芳香物质的形成，味淡、缺乏香气。

表 1-8　宜宾市产烟县 2007—2017 年 4—9 月旬平均日照时数

月份	旬	指标	珙县	屏山县	筠连县	兴文县	月份	旬	指标	珙县	屏山县	筠连县	兴文县
4 月	上旬	平均值（h）	18.37	19.59	22.05	25.61	7 月	上旬	平均值（h）	36.27	32.99	44.78	55.58
		最大值（h）	32.50	34.40	47.20	39.00			最大值（h）	48.60	66.10	70.90	55.58
		最小值（h）	7.30	4.40	8.70	8.90			最小值（h）	15.20	5.00	26.20	29.50
		变异系数	0.50	0.58	0.59	0.47			变异系数	0.28	0.58	0.26	0.30
	中旬	平均值（h）	39.18	41.22	46.52	41.95		中旬	平均值（h）	42.71	41.43	47.62	57.46
		最大值（h）	63.00	68.00	77.70	71.50			最大值（h）	74.10	75.50	76.20	85.20
		最小值（h）	12.30	6.60	15.20	7.80			最小值（h）	25.10	13.90	32.70	22.30
		变异系数	0.48	0.53	0.45	0.54			变异系数	0.37	0.49	0.27	0.35
	下旬	平均值（h）	31.72	31.80	36.64	36.88		下旬	平均值（h）	65.55	63.45	72.94	84.87
		最大值（h）	60.50	63.60	36.64	61.00			最大值（h）	100.60	114.90	107.80	117.30
		最小值（h）	5.70	4.60	11.50	19.30			最小值（h）	38.60	32.00	44.70	54.70
		变异系数	0.52	0.55	0.53	0.37			变异系数	0.30	0.37	0.29	0.26
5 月	上旬	平均值（h）	36.28	35.37	42.22	38.59	8 月	上旬	平均值（h）	49.43	48.26	56.55	59.55
		最大值（h）	64.50	63.20	80.30	72.60			最大值（h）	62.50	66.00	73.80	72.80
		最小值（h）	20.40	20.80	25.10	20.70			最小值（h）	20.30	17.20	22.10	20.90
		变异系数	0.44	0.46	0.42	0.43			变异系数	0.29	0.34	0.31	0.29
	中旬	平均值（h）	36.98	40.78	42.13	40.26		中旬	平均值（h）	55.84	48.90	58.64	67.23
		最大值（h）	57.10	58.40	66.90	64.60			最大值（h）	99.70	89.20	102.30	109.80
		最小值（h）	0.00	4.90	8.70	0.00			最小值（h）	30.30	24.90	28.90	35.30
		变异系数	0.42	0.37	0.37	0.46			变异系数	0.41	0.41	0.39	0.38
	下旬	平均值（h）	30.02	28.42	35.97	33.14		下旬	平均值（h）	39.25	40.00	44.58	48.95
		最大值（h）	42.50	48.10	58.70	60.40			最大值（h）	81.50	65.10	86.80	105.10
		最小值（h）	15.50	17.00	18.30	10.00			最小值（h）	5.50	4.40	14.60	8.30
		变异系数	0.30	0.38	0.38	0.47			变异系数	0.53	0.46	0.43	0.57
6 月	上旬	平均值（h）	30.34	35.25	34.38	33.81	9 月	上旬	平均值（h）	22.27	16.92	25.32	31.26
		最大值（h）	58.20	70.60	66.90	68.70			最大值（h）	48.50	31.90	50.20	77.00
		最小值（h）	2.10	5.80	5.10	4.70			最小值（h）	0.00	0.00	0.60	0.20
		变异系数	0.59	0.55	0.62	0.68			变异系数	0.78	0.63	0.79	0.81
	中旬	平均值（h）	25.91	23.36	29.13	35.92		中旬	平均值（h）	21.62	23.42	27.55	31.87
		最大值（h）	48.00	50.00	68.50	101.20			最大值（h）	49.10	52.80	52.00	60.90
		最小值（h）	13.50	11.60	9.00	11.60			最小值（h）	0.00	7.20	3.50	4.60
		变异系数	0.47	0.51	0.60	0.75			变异系数	0.72	0.62	0.55	0.58
	下旬	平均值（h）	21.75	26.16	31.75	28.27		下旬	平均值（h）	14.58	12.26	20.27	22.79
		最大值（h）	51.80	58.80	70.80	71.50			最大值（h）	39.50	35.90	43.50	53.60
		最小值（h）	0.00	2.00	2.00	2.80			最小值（h）	2.10	0.00	0.00	0.00
		变异系数	0.75	0.77	0.77	0.88			变异系数	0.89	0.98	0.78	0.83

3 结论

从宜宾市产烟县2007—2017年的气象资料可以看出，珙县、屏山县、筠连县和兴文县的月平均气温、年降水量和日照时数及4—9月旬平均气温、降水量和日照时数均可满足生产优质烟叶的需要，但在烟叶生产过程中极有可能遭遇严重伏旱或阴雨绵绵的极端天气，对优质烟叶的生产造成影响。因此，在烟叶生产中可根据气象预报对烟叶的移栽和生产进行及时调整，尽可能避免极端天气的影响。极端天气会严重影响优质烟叶的形成，雨水较少时烟株根系不能对营养物质较好地吸收利用，而雨水较多时营养淋失严重，均会导致烟株叶片营养不均衡。如果长期干旱还会导致烟株生长缓慢，叶片窄长不开张，产量明显降低；叶片厚，较难烘烤；烟叶组织粗糙，弹性差，蛋白质和烟碱等含氮化合物含量相对增加，碳水化合物减少，香气少，吃味辛辣。雨水较多时影响烟株根系的生长发育和吸收能力，烟叶徒长软弱；成熟期雨水多，易发生病害，烟叶不易烘烤；烤后烟叶组织疏松、叶片薄、油分少、弹性差、干物质积累少，不利于芳香物质的形成，味淡，缺乏香气。

第二章

宜宾市生态烟叶栽培技术

第一节　烤烟轮作方式

1　材料与方法

1.1　试验地点

试验在宜宾市烟草公司技术中心试验示范基地（兴文县大坝苗族乡沙坝村）进行。

1.2　试验材料

烤烟品种为 K326，水稻品种为川优 6203，玉米品种为中单 808。

1.3　试验设计

试验根据轮作方式设 3 个处理 1 个对照：对照，烤烟—烤烟；处理 1，空闲—烤烟；处理 2，水稻—烤烟；处理 3，玉米—烤烟。每个处理 3 次重复，随机排列。对照和处理均冬闲。

1.4　试验方法

生育期调查：调查烟株进入各生育期的时间。

农艺性状：按照 YC/T 142—2010 在团棵期、旺长期、打顶期测定烟株株高、茎围、叶数、腰叶长、腰叶宽和节距农艺性状。

经济性状调查：各小区单独计产计值，烟叶烘烤后按国标分级，单独计算各处理产量、产值、均价及中上等烟比例等。

1.5　数据处理

采用 Excel 2010 和 SPSS 23.0 进行数据的统计和分析。

2　结果与分析

2.1　不同处理生育期比较

由表 2-1 可知，在移栽期相同的情况下，不同处理的烟株进入现蕾、中心花开放、脚叶成熟和顶叶成熟的时间有差异。对照的大田生育期最短，处理 2 最长，比对照推迟 8 d 采烤结束。

表 2-1 不同处理烤烟生育期开始时间调查

处理	播种期	出苗	成苗期	移栽期	现蕾期	中心花开放期	脚叶成熟期	顶叶成熟期
对照	2月1日	2月20日	3月31日	4月7日	5月25日	6月1日	6月8日	8月7日
处理1	2月1日	2月20日	3月31日	4月7日	5月28日	6月5日	6月12日	8月15日
处理2	2月1日	2月20日	3月31日	4月7日	6月1日	6月8日	6月16日	8月18日
处理3	2月1日	2月20日	3月31日	4月7日	5月27日	6月3日	6月11日	8月15日

2.2 不同处理烟株主要农艺性状比较

不同处理的株高、茎围、叶数、腰叶长和腰叶宽在团棵期均无明显差异（表 2-2）。

旺长期时处理 1、处理 2 和处理 3 的株高、茎围、腰叶长和腰叶宽均显著大于对照；处理 2 的叶数显著多于对照，与处理 1 和处理 3 无明显差异。

打顶时处理 1、处理 2 和处理 3 的株高、叶数、腰叶长和腰叶宽均显著大于对照；处理 2 和处理 3 的叶数无明显差异，显著多于处理 1，处理 1 的叶片数显著多于对照；各处理的节距无明显差异。

表 2-2 不同处理烟株主要农艺性状比较

时期	处理	株高（cm）	茎围（cm）	叶数（片）	腰叶长（cm）	腰叶宽（cm）	节距（cm）
团棵期	对照	16.34a	3.95a	12.3a	35.45a	16.87a	
	处理1	17.52a	4.13a	13.7a	38.76a	18.26a	
	处理2	17.63a	4.10a	13.6a	39.01a	18.19a	
	处理3	17.45a	4.25a	13.5a	38.92a	18.20a	
旺长期	对照	81.87b	7.21b	16.1b	62.12b	26.45b	
	处理1	90.23a	7.89a	17.5ab	67.56a	30.21a	
	处理2	92.79a	7.78a	18.6a	69.43a	31.08a	
	处理3	88.95a	7.69a	17.4ab	67.85a	30.13a	
打顶期	对照	103.23b	7.6b	17.2c	72.30b	31.60b	4.98a
	处理1	111.29a	8.1a	18.4b	78.51a	35.23a	5.28a
	处理2	113.02a	8.3a	20.5a	82.72a	36.46a	5.33a
	处理3	111.81a	8.0a	19.7a	81.74a	35.35a	5.30a

注：同列不同小写字母表示处理间差异显著（$P < 0.05$）。

2.3 不同处理烟株病害发生比较

由表 2-3 可知，对照烟株的黑胫病、赤星病、青枯病、气候斑点病和普通花叶病的发病率和病情指数最高，而处理 2 的发病率和病情指数最低。

表 2-3　不同处理烟株病害发生比较

处理	黑胫病		赤星病		青枯病		气候斑点病		普通花叶病	
	发病率（%）	病情指数	发病率（%）	病情指数	发病率（%）	病情指数	发病率（%）	病情指数	发病率（%）	病情指数
对照	9.4	5.34	15.5	11.72	7.9	4.89	6.4	2.14	6.1	1.98
处理1	6.3	2.67	12.3	7.26	5.4	2.36	5.3	1.05	2.0	0.39
处理2	1.5	0.18	2.3	0.26	1.2	0.08	5.3	1.12	0.6	0.19
处理3	2.1	0.23	1.8	0.16	1.8	0.11	5.1	1.02	0.6	0.22

2.4　不同处理烟叶外观质量比较

处理1、处理2和处理3的成熟度为成熟，成熟度较对照好；对照和处理2的烟叶颜色均为橘黄；处理2的光泽较好，其次为处理3，处理1和对照较差；处理2的油分较多，对照、处理1和处理3均为稍有；处理1、处理2和处理3的叶片结构均为疏松，对照为较疏松；处理2的叶片稍厚，对照的叶片薄（表2-4）。

表 2-4　不同处理烟叶外观质量比较

处理	部位	成熟度	颜色	光泽	油分	叶片结构	叶片厚度
对照	中部叶	较成熟	橘黄	弱	稍有	较疏松	薄
处理1	中部叶	成熟	多橘黄	弱	稍有	疏松	稍薄
处理2	中部叶	成熟	橘黄	强	多	疏松	稍厚
处理3	中部叶	成熟	多橘黄	中等	稍有	疏松	中等

2.5　不同处理烟叶经济性状比较

处理2的产量显著高于处理1和处理3，处理1和处理3显著高于对照；处理2的均价和产值显著高于对照、处理1和处理3，处理3与处理1无明显差异，但均显著高于对照，对照和处理1无明显差异；处理2的上等烟比例和中上等烟比例显著高于对照、处理1和处理3，对照、处理1和处理3的上等烟比例无明显差异，处理1和处理3的中上等烟比例显著高于对照（表2-5）。

表 2-5　不同处理烟叶经济性状比较

处理	产量（kg/hm²）	均价（元/kg）	产值（元/hm²）	上等烟比例（%）	中上等烟比例（%）
对照	2 217.0c	21.4c	33 255.6c	20.3b	74.9c
处理1	2 526.7b	22.6bc	37 900.8bc	22.1b	81.1b
处理2	3 258.8a	25.4a	48 881.4a	38.9a	92.9a
处理3	2 709.4b	23.7b	40 641.0b	22.5b	82.4b

注：同列不同小写字母表示处理间差异显著（$P < 0.05$）。

3 结论

由试验结果可知，轮作烟叶的生长、抗病性、外观质量和经济性状均优于连作，其中水旱轮作的效果更加明显，这是因为烟田土壤在通气和嫌气交替的情况下，发生周期性的更换，使土壤有机质的积累和分解过程得到相应的调节，可以改善土壤理化性质，保持和提高土壤肥力，同时烤烟和水稻无共同病虫害，栽培水稻时，土壤长期泡水，可以窒息部分病菌、虫卵和草籽，使烟田病、虫、草害减少，更加有利于烟株的生长发育。对于无法进行水旱轮作的烟田，可以轮换种植其他作物，避免病虫害的传播和土壤养分的片面消耗。

第二节 烤烟秸秆覆盖栽培技术

1 材料与方法

1.1 试验地点

试验在宜宾市烟草公司技术中心试验示范基地（兴文县大坝苗族乡沙坝村）进行。

1.2 供试材料

供试烤烟品种为云烟87，烟田覆盖材料为水稻秸秆、玉米秸秆、地膜。

1.3 试验设计

试验设1个对照3个处理：对照，垄体不覆盖地膜或者秸秆，地表裸露；处理1，地膜覆盖，移栽后35 d揭膜；处理2，全生育期水稻秸秆盖垄；处理3，全生育期玉米秸秆盖垄，水稻秸秆和玉米秸秆覆盖厚度为3 cm。随机区组排列，每个处理3次重复。行株距：120 cm×50 cm，每小区植烟160株，施肥水平按当地优质烟技术要求执行。

1.4 试验方法

土壤水分测定：从移栽开始每5 d测定垄体水分1次（若遇降雨每次测定在降雨后24 h以后进行）。

土壤温度测定：从移栽开始，每隔10 d测定1次垄上0~5 cm土层的土壤温度。

农艺性状：按照YC/T 142—2010在团棵期、旺长期、现蕾期、打顶期测定烟株株高、茎围、叶数、茎围和腰叶长、腰叶宽等农艺性状。

根系发育情况调查：在团棵期、旺长期、现蕾期、打顶期每个处理选有代表性的烟株5株，测定全株根系干重、一级侧根数、二级侧根数等。

经济性状调查：各小区单独计产、计值，烟叶烘烤后按国标分级，单独计算各处理产量、产值、均价及上等烟比例、中等烟比例。

1.5 数据处理

采用Excel 2010和SPSS 23.0进行数据的统计和分析。

2　结果与分析

2.1　不同处理对土壤含水量的影响

由图 2-1 可知，在整个生育期内，以处理 2 的土壤含水量最高，处理 1、处理 3 和对照的土壤含水量依次降低。

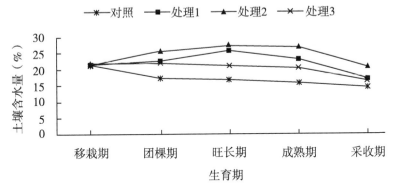

图 2-1　不同处理对土壤含水量的影响

2.2　不同处理对土壤温度的影响

由表 2-6 可知，0~5 cm 土壤内，移栽时的温度一致，均为 16 ℃左右；移栽后 10 d、20 d、30 d 和 40 d 时，处理 1 的温度均显著高于处理 2 和处理 3 的处理，处理 2 的温度最低，分别比处理 1 低 3.2 ℃、4.9 ℃、5.6 ℃和 3.1 ℃。

表 2-6　不同处理对土壤（0~5 cm）温度的影响　　　　　　　　单位：℃

处理	移栽时	移栽后 10 d	移栽后 20 d	移栽后 30 d	移栽后 40 d
对照	16.2a	18.5b	25.3ab	29.6ab	31.2a
处理 1	16.3a	21.3a	28.6a	31.4a	30.9a
处理 2	16.1a	18.1b	23.7b	25.8b	27.8b
处理 3	16.3a	18.3b	24.4b	27.1b	28.5b

注：同列不同小写字母表示处理间差异显著（$P<0.05$）。

2.3　打顶时不同处理对烤烟农艺性状的影响

团棵期：处理 1 的株高显著高于对照和处理 2，处理 3 与对照、处理 1 和处理 2 均无明显差异；各处理的叶数、茎围、腰叶长和腰叶宽均无明显差异（表 2-7）。

现蕾期：对照的株高低于处理 1 和处理 2，与处理 3 无明显差异；处理 1 和处理 2 的叶数和茎围显著大于处理 3，与对照无明显差异；处理 1 和处理 2 的腰叶长显著长于对照和处理 3，处理 2 的腰叶宽显著大于对照和处理 3（表 2-7）。

成熟期：处理 1 的株高显著高于处理 2，处理 2 显著高于对照和处理 3；处理 1 和处理 2 的叶数无明显差异，显著多于对照和处理 3；对照、处理 1 和处理 2 的茎围无明显差异，处理 1 和处理 2 显著大于处理 3；处理 2 的腰叶长和腰叶宽均显著大于处理 3，处理 1 和处理 2 的腰叶长和腰叶宽无明显差异；各处理间的节距均无明显差异（表 2-7）。

表 2-7　不同处理对烤烟农艺性状的影响

时期	处理	株高（cm）	叶数（片）	茎围（cm）	腰叶长（cm）	腰叶宽（cm）	节距（cm）
团棵期	对照	19.23b	13.3a	3.95a	35.7a	15.23a	
	处理1	23.67a	14.5a	4.07a	37.26a	16.12a	
	处理2	18.75b	13.0a	3.89a	36.34a	15.83a	
	处理3	20.51ab	13.5a	3.90a	36.10a	15.74a	
现蕾期	对照	98.50b	19.1ab	8.91ab	68.52b	25.31b	
	处理1	106.74a	20.3a	9.62a	72.75a	26.54ab	
	处理2	104.93a	21.2a	9.83a	73.91a	28.42a	
	处理3	101.34ab	18.9b	7.59b	68.79b	24.86b	
成熟期	对照	94.85c	18.0b	9.14ab	69.23b	26.71ab	4.64a
	处理1	109.33a	19.2a	10.12a	73.57ab	28.08a	5.11a
	处理2	100.37b	19.8a	10.43a	76.05a	29.36a	4.92a
	处理3	97.28bc	18.3b	8.09b	69.76b	25.78b	4.56a

注：同列不同小写字母表示处理间差异显著（$P<0.05$）。

2.4　不同处理对不同生长期根系发育的影响

一级侧根：移栽时，各处理的一级侧根均在 23 条左右；团棵期时处理 1 的一级侧根与对照无明显差异，显著多于处理 2 和处理 3；旺长期和成熟期时，处理 2 的一级侧根与处理 1 无明显差异，显著多于对照和处理 3；采烤结束时，处理 1 和处理 2 无明显差异，均显著多于对照和处理 3（表 2-8）。

二级侧根：移栽时，各处理的二级侧根均在 126 条左右；团棵期时，处理 1 和处理 2 无明显差异，显著多于对照和处理 3；旺长期时，处理 2 和处理 3 无明显差异，处理 2 显著多于对照和处理 3；成熟期和采烤结束时，处理 1 和处理 2 明显差异，均显著多于对照和处理 3（表 2-8）。

根系干重：移栽时，根干重均在 0.06 g 左右；团棵期至采烤结束时，处理 1 和处理 2 无明显差异，均显著高于对照和处理 3（表 2-8）。

表 2-8　不同处理对烟株根系的影响

项目	处理	移栽期	团棵期	旺长期	成熟期	采烤结束
一级侧根（条/株）	对照	23.5a	59.2ab	97.9b	147.8b	189.6b
	处理1	23.6a	68.5a	121.5ab	187.1ab	220.9a
	处理2	23.4a	39.4b	139.8a	210.5a	237.2a
	处理3	23.6a	43.8b	92.3b	156.3b	197.1b

项目	处理	移栽期	团棵期	旺长期	成熟期	采烤结束
二级侧根 （条/株）	对照	126.3a	465.3b	819.0b	1298.5b	1789.7b
	处理1	126.8a	543.9a	1109.9ab	1763.7a	1992.3a
	处理2	126.9a	497.0ab	1212.7a	1829.2a	2041.5a
	处理3	126.5a	378.2c	891.1b	1329.8b	1856.8b
根系干重 （g/株）	对照	0.065a	0.611b	6.448c	18.646b	38.270b
	处理1	0.064a	1.009a	10.745a	28.019a	52.906a
	处理2	0.061a	0.996a	11.000a	30.906a	55.843a
	处理3	0.068a	0.680b	8.128b	20.040b	42.632b

注：同列不同小写字母表示处理间差异显著（$P<0.05$）。

2.5 不同处理对烟叶经济性状的影响

由表2-9可知，对照、处理1和处理2的产量、产值和中上等烟比例无明显差异，处理3的产量、产值和中上等烟比例显著低于处理1和处理2；各处理的均价无明显差异。

表2-9 不同处理对烟叶经济性状的影响

处理	产量（kg/hm²）	产值（元/hm²）	均价（元/kg）	中上等烟比例（%）
对照	2 160.5ab	40 789.2ab	18.88a	93.43ab
处理1	2 210.7a	42 489.6a	19.22a	95.10a
处理2	2 259.6a	43 949.1a	19.45a	96.19a
处理3	2 119.7b	38 683.5b	18.25a	91.11b

注：同列不同小写字母表示处理间差异显著（$P<0.05$）。

3 结论

稻草秸秆覆盖烟田有利于对自然降雨的吸收和利用，并能减少土壤水分的蒸发，因此烟田含水量较高；地膜覆盖烟田阻碍了对自然降雨的吸收和利用，土壤中的水分主要来自覆膜前土壤中的水分和移栽时浇的定根水，因此土壤含水量不如稻草覆盖的处理高；玉米秸秆覆盖烟田虽能较好地利用自然降雨，但由于玉米秸秆较粗，因此蒸发量也较大，故烟田含水量较低。

移栽前期地膜覆盖增温效果明显，显著高于不覆膜和秸秆覆盖，有利于烟株的早生快发，但随着气温升高，土壤温度过高，另外由于地膜覆盖导致土壤缺氧，厌氧微生物活动加剧，产生有毒有害物质，影响烟株根系生长，不利于烟株的生长；稻草覆盖虽然阻碍了太阳直射土壤，地温升高较慢，但秸秆覆盖后有利于夜晚地温下降，气温较高时不会导致地温升高过快，能保持相对稳定的温湿度环境，同时稻草覆盖有利于烟田氧气交换，能保证根系正常进行呼吸作用和生长，利于烟株的生长。

从烟株生长发育看，地膜覆盖促进烟株前期早生快发，后期与稻草覆盖无明显差异。从生态环保的角度，宜宾市烟区可加大稻草秸秆覆盖栽培技术的推广。

第三节　有机肥施用技术

1　材料与方法

1.1　试验地点

试验地点在宜宾市兴文县九丝城镇坪山村。

1.2　试验材料

供试品种：K326。

肥料：商品有机肥（众合生物有机肥，有机质 67.95%，N 1.81%，P_2O_5 3.39%，K_2O 3.83%）、矿质硝酸钾（N：P_2O_5：K_2O = 13.5：0：45，智利产）。

病虫害防治材料：土地宝贝（青岛天地缘生物技术开发有限公司）、苦参碱（北京清源保科技有限公司）、枯草芽孢杆菌（云南星耀生物制品有限公司）、黄板（25 cm× 20 cm，四川瑞进特科技有限公司）、太阳能杀虫灯（RJT-D/T 型，四川瑞进特科技有限公司）、氨基寡糖水剂等生物诱导剂和植物提取药剂。

1.3　试验设计

试验设 3 个处理：处理 1，有机肥施用量为 3 000 kg/hm²；处理 2，有机肥施用量为 3 750 kg/hm²；处理 3，有机肥施用量为 4 500 kg/hm²。每个处理 3 次重复，随机排列，其他农家肥和钙镁磷肥用量一致。有机肥作基肥移栽时一次性施入，移栽后 7 d 和移栽后 30 d 分别施用矿质硝酸钾 150 kg/hm² 和 225 kg/hm²。

1.4　试验方法

生育期比较：调查烟株进入各生育期的时间。

农艺性状调查：按照 YC/T 142—2010 调查各典型时期的株高、茎围、叶数、最大叶长、最大叶宽等农艺性状。

经济性状统计：统计各小区的产量、均价、产值等。

原烟外观质量评价：考察初烤烟叶的颜色、油分、身份等。

烟叶化学成分分析：测定初烤烟叶的总糖、还原糖、总氮、烟碱、氯、钾、石油醚提取物等。

烟叶感官质量评价：按照 GB 5606—2005 进行评吸评价。

1.5　数据处理

采用 Excel 2010 和 SPSS 23.0 进行数据的统计和分析。

2 结果与分析

2.1 不同有机肥用量对烟株生育期的影响

现蕾前，有机肥施用较多处理的烟株生长较快；现蕾时，施用有机肥较少处理的烟株较快；在第一次采烤时间相同的情况下，施用有机肥较多的处理采烤结束期较晚，随着有机肥施用量的增加，大田生育期也随之延长（表2-10）。

表2-10 不同有机肥用量对烟株生育期的影响

处理	移栽期	还苗期	团棵期	现蕾期	第一次采烤期	采烤结束期	大田生育期（d）
处理1	4月29日	5月5日	6月8日	7月7日	7月15日	8月26日	120
处理2	4月29日	5月5日	6月7日	7月7日	7月15日	8月31日	125
处理3	4月29日	5月5日	6月5日	7月9日	7月15日	9月5日	130

2.2 不同有机肥用量对烟株农艺性状的影响

团棵期时，各处理烟株的株高、茎围、叶数、最大叶长、最大叶宽存在明显差别，均表现为处理3显著大于处理2、处理2显著大于处理1（表2-11）。

旺长期时，处理3烟株的株高、叶数和最大叶长、最大叶宽显著高于处理2，处理2显著高于处理1；处理3的茎围与处理2无明显差异，显著高于处理1，处理2的茎围与处理1无明显差异；处理3的最大叶长显著大于处理2和处理1，而处理2和处理1之间无明显差异（表2-11）。

成熟期时，处理3烟株的株高、茎围和节距显著高于处理2，处理2显著高于处理1；由于打顶，3个处理的叶数无明显差异，均在20片左右；处理2和处理3的最大叶长显著大于处理1，处理2和处理3之间无明显差异；处理3的最大叶宽显著大于处理1和处理2，处理1和处理2之间无明显差异（表2-11）。

表2-11 不同有机肥施用量对烟株农艺性状的影响

时期	处理	株高（cm）	茎围（cm）	叶数（片）	最大叶长（cm）	最大叶宽（cm）	节距（cm）
团棵期	处理1	20.83±3.66c	3.96±0.30c	12.50±0.78c	35.25±3.35c	16.21±1.60c	
	处理2	23.49±3.31b	4.29±0.32b	13.37±0.93b	37.80±3.31b	17.65±1.33b	
	处理3	26.34±3.29a	4.72±0.32a	14.03±0.81a	39.73±3.26a	18.82±1.68a	
旺长期	处理1	68.68±5.80c	7.95±0.39b	21.17±1.23c	65.40±4.03b	21.89±1.79c	
	处理2	79.42±6.76b	8.08±0.33ab	22.37±1.25b	66.53±2.94b	22.95±1.72b	
	处理3	91.58±4.50a	8.19±0.19a	23.50±0.73a	69.41±2.22a	24.71±1.41a	

（续表）

时期	处理	株高（cm）	茎围（cm）	叶数（片）	最大叶长（cm）	最大叶宽（cm）	节距（cm）
成熟期	处理1	66.06±4.23c	8.11±0.20c	19.69±1.31a	68.98±2.67b	23.30±1.14b	2.67±0.09c
	处理2	70.28±4.61b	8.28±0.25b	20.14±1.27a	71.56±2.64a	24.14±1.64b	2.75±0.11b
	处理3	75.22±5.16a	8.33±0.30a	20.17±0.89a	72.49±2.26a	25.39±1.85a	3.09±0.17a

注：同列不同小写字母表示处理间差异显著（$P<0.05$）。

2.3 不同有机肥用量对烟叶经济性状的影响

各处理的经济性状见表2-12。由表2-12可知，产量随着有机肥施用量的增加而增加，处理3的产量最高，显著高于处理2，处理1的产量最低，显著低于处理3和处理2；处理3的产值最高，显著高于处理1，与处理2无明显差异，处理1的产值最低，显著低于处理3，与处理2无明显差异；各处理的中上等烟比例无明显差异，为55.74%~60.31%；各处理的均价也无明显差异，为14.58~15.68元/kg。

表2-12 不同有机肥用量对烟叶经济性状的影响

处理	产量（kg/hm²）	产值（元/hm²）	中上等烟比例（%）	均价（元/kg）
处理1	1 635.6c	23 847.0b	55.74a	14.58a
处理2	1 813.4b	27 599.3ab	58.14a	15.22a
处理3	2 022.6a	31 699.4a	60.31a	15.68a

注：同列不同小写字母表示处理间差异显著（$P<0.05$）。

2.4 不同有机肥用量对烟叶外观质量的影响

各处理烟叶的成熟度均较好，其中处理2的成熟度最好，分值为7.5分；各处理烟叶的叶片结构为尚疏松，处理2的分值最高，为7.0分；各处理烟叶的身份为稍薄至中等，处理1的身份较薄，分值较低，为6.0分；各处理的油分为稍有至有，处理2烟叶的油分较好，分值最高，为7.5分；各处理烟叶的色度基本一致，均为中等。整体而言，处理2烟叶的外观质量较好，得分最高，为35.0分（总分50分），处理1的烟叶外观质量较差，得分最低，为31.0分（总分50分）（表2-13）。

表2-13 不同有机肥用量对烟叶外观质量的影响

处理	成熟度（10分）	叶片结构（10分）	身份（10分）	油分（10分）	色度（10分）	总分（50分）
处理1	7.0	6.0	6.0	6.0	6.0	31.0
处理2	7.5	7.0	7.0	7.5	6.0	35.0
处理3	7.0	6.5	7.0	6.0	6.0	32.5

2.5 不同有机肥用量对烟叶化学成分的影响

由表2-14可知，各处理上、中、下部位烟叶的总糖含量为18.01%~23.77%；各处理的还原糖含量为 17.03%~22.21%，中部叶的还原糖含量较高；各处理烟叶的烟碱和总氮含量分别为 2.59%~3.55% 和 2.24%~3.41%，且随着有机肥施用量增加烟碱和总氮含量也增加；各处理烟叶的氯含量为 0.15%~0.22%，均在 1% 以下。只有处理 1 和处理 2 的中、上部烟叶的钾含量低于 2%，其余均在 2% 以上，下部叶的钾含量最高。

表 2-14　不同有机肥用量对烟叶化学成分的影响

部位	处理	总糖（%）	还原糖（%）	烟碱（%）	总氮（%）	氯（%）	钾（%）
上部	处理 1	20.37±0.13	18.63±0.09	3.37±0.05	2.98±0.05	0.20±0.01	1.71±0.01
	处理 2	23.24±0.16	20.91±0.04	3.46±0.05	3.16±0.01	0.17±0.00	1.67±0.03
	处理 3	22.19±0.15	21.32±0.11	3.55±0.03	3.41±0.02	0.16±0.00	2.16±0.02
中部	处理 1	22.83±0.14	20.52±0.05	2.88±0.02	2.57±0.07	0.16±0.01	1.98±0.05
	处理 2	22.18±0.14	21.02±0.09	3.07±0.03	2.75±0.02	0.17±0.01	1.90±0.04
	处理 3	20.69±0.14	20.19±0.06	3.13±0.04	3.04±0.01	0.15±0.01	2.18±0.08
下部	处理 1	23.77±0.19	22.21±0.18	2.59±0.01	2.24±0.04	0.19±0.01	2.87±0.08
	处理 2	20.12±0.05	19.24±0.09	2.64±0.02	2.42±0.02	0.22±0.01	3.05±0.23
	处理 3	18.01±0.07	17.03±0.07	2.88±0.04	2.62±0.01	0.17±0.00	3.14±0.09

2.6　不同有机肥用量对烟叶感官质量评价结果的影响

对烟叶感官质量评价结果表明：处理 2＞处理 1＞处理 3。

处理 1：劲头稍大，烟气稍显粗糙，香气尚透发至中等，清晰度、纯净度中等，柔和、细腻度一般，口腔有干燥感，余味略欠舒适，杂气稍明显，以木质、枯焦为主。

处理 2：劲头中等至稍大，烟气尚饱满，香气尚纯净，尚透发至较透发，柔和、细腻度尚好，口腔略显干燥，余味舒适度尚可接受，杂气稍有，以生青、木质为主。

处理 3：劲头稍大，烟气粗糙，香气不够清晰，透发度中等至稍差，烟气偏生硬，柔和、细腻度一般，口腔有干燥、涩口感，余味欠舒适，杂气较明显，以木质、枯焦为主。

3　结论

由试验结果可知，随着有机肥用量的增加，烟株大田生育期延长；烟株各典型时期的主要农艺性状也随之增加；烟株的产量和产值也呈增加的趋势。处理 2 的烟叶外观质量和感官质量最好，因此有机肥最佳施用量应为 3 750 kg/hm²。

第四节　烤烟种植密度

1　材料与方法

1.1　试验地点

试验地点选择在珙县王家镇和平村。

1.2 试验材料

同第二章第三节 1.2 试验材料。

1.3 试验设计

试验设 3 个处理，行株距分别设为：处理 1，110 cm×50 cm；处理 2，110 cm×55 cm；处理 3，110 cm×60 cm。每个处理 3 次重复，随机排列。有机肥施用量为 3 750 kg/hm²，作基肥移栽时一次性施入，移栽后 7 d 和 30 d 分别施用矿质硝酸钾 150 kg/hm² 和 225 kg/hm²。

1.4 试验方法

同第二章第三节 1.3 试验方法。

1.5 数据处理

采用 Excel 2010 和 SPSS 23.0 进行数据的统计和分析。

2 结果与分析

2.1 不同种植密度处理生育期比较

由表 2-15 可知，不同种植密度烟株的大田生育期均为 123 d，进入团棵期、旺长期和成熟期的时间也一致。

表 2-15 不同种植密度大田生育期比较

处理	移栽期	还苗期	团棵期	现蕾期	第一次采收	采收结束	生育期（d）
处理 1	4 月 29 日	5 月 5 日	6 月 3 日	6 月 25 日	7 月 13 日	8 月 29 日	123
处理 2	4 月 29 日	5 月 5 日	6 月 3 日	6 月 25 日	7 月 13 日	8 月 29 日	123
处理 3	4 月 29 日	5 月 5 日	6 月 3 日	6 月 25 日	7 月 13 日	8 月 29 日	123

2.2 不同种植密度处理烟株农艺性状比较

团棵期时，由于烟株较小，种植密度对各处理的农艺性状无明显影响，因此各处理烟株的株高、叶片数、茎围、最大叶长、最大叶宽均无明显差异（表 2-16）。

表 2-16 不同种植密度处理烟株农艺性状比较

测量时间	处理	株高（cm）	茎围（cm）	叶数（片）	最大叶（顶叶）长（cm）	最大叶（顶叶）宽（cm）	节距（cm）
团棵期	处理 1	25.17±1.29a	5.66±0.23a	12.90±0.31a	50.71±1.62a	24.86±0.91a	
	处理 2	24.81±1.50a	5.68±0.22a	12.90±0.31a	51.59±1.26a	25.81±1.58a	
	处理 3	24.98±1.03a	5.69±0.31a	13.00±0.00a	51.29±1.38a	24.92±0.89a	
打顶期	处理 1	105.45±3.03a	8.60±0.17a	16.70±1.49a	77.50±5.12a	31.40±3.35a	
	处理 2	104.51±2.42a	8.73±0.22a	17.40±0.84a	80.01±2.78a	32.01±2.12a	
	处理 3	104.05±3.55a	8.65±0.24a	17.00±0.24a	77.16±2.81a	33.73±3.97a	

（续表）

测量时间	处理	株高（cm）	茎围（cm）	叶数（片）	最大叶（顶叶）长（cm）	最大叶（顶叶）宽（cm）	节距（cm）
打顶后10 d	处理1	106.50±2.87a	8.73±0.13a	16.70±1.49a	67.98±5.99a	19.21±2.65a	4.76±3.34a
	处理2	104.67±0.62a	8.86±0.28a	17.40±0.84a	69.70±4.90a	18.44±2.22a	5.00±1.11a
	处理3	104.87±1.51a	8.93±0.37a	17.00±0.24a	68.42±5.11a	18.00±1.82a	4.80±2.80a

注：打顶时和打顶后 10 d 的叶片数为有效叶片数，脚叶 2 片和顶叶 2 片不计算在内；同列不同小写字母表示各处理间差异显著（$P<0.05$）。

打顶时和打顶后 10 d，各处理的农艺性状无明显差异，但随着种植密度的增加株高呈增高的趋势，叶宽变窄（表 2-16）。

2.3 不同种植密度处理烟叶产值量比较

随着种植密度增加，产量和产值呈增加的趋势，处理 1 的产量和产值与处理 2 无明显差异，显著高于处理 3；中上等烟比例和均价则随种植密度的增加而降低，处理 1 的中上等烟比例与处理 2 无明显差异，显著低于处理 3，各处理的均价无明显差异（表 2-17）。

表 2-17　不同种植密度处理烟叶产值量比较

处理	产量（kg/hm²）	产值（元/hm²）	中上等烟比例（%）	均价（元/kg）
处理1	2 108.25a	50 429.4a	90.69b	23.92a
处理2	1 974.15ab	47 952.15ab	92.17ab	24.29a
处理3	1 854.75b	45 181.65b	92.59a	24.36a

注：同列不同小写字母表示处理间差异显著（$P<0.05$）。

2.4 不同种植密度处理烟叶外观质量比较

各处理的成熟度、叶片结构、身份、油分和色度都是随着种植密度的增加呈现先增加后减少的趋势，处理 2 的总分最高，为 30.9 分；处理 3 的总分最低，为 27.3 分（表 2-18）。

表 2-18　不同种植密度处理烟叶外观质量比较

处理	成熟度（10分）	叶片结构（10分）	身份（10分）	油分（10分）	色度（10分）	总分（50分）
处理1	6.1	6.1	6.0	5.5	5.9	29.6
处理2	6.3	6.2	6.1	6.2	6.1	30.9
处理3	5.5	5.2	5.5	5.5	5.6	27.3

2.5 不同种植密度处理烟叶化学成分比较

随着种植密度的增加，中上部叶的总糖和还原糖含量呈先增后降的趋势，烟碱含量呈递减趋势，总氮含量先降后增，钾含量上部叶为先降后增，中部叶呈递减趋势，下部叶总糖、还原糖和烟碱含量随着种植密度的增加而先增后减，总氮呈递减趋势，钾含量呈递增趋势。处理1和处理2的总糖和还原糖含量较高，其他化学指标均在优质烟叶要求范围内（表2-19）。

表2-19　不同种植密度处理烟叶化学成分比较

部位	处理	总糖（%）	还原糖（%）	烟碱（%）	总氮（%）	氯（%）	钾（%）
上部	处理1	21.18±0.41	17.98±0.73	2.13±0.02	2.20±0.07	0.47±0.10	2.09±0.30
	处理2	28.83±0.86	22.36±0.69	2.46±0.07	2.05±0.05	0.23±0.01	2.11±0.12
	处理3	22.58±0.31	16.37±0.19	2.55±0.20	2.32±0.11	0.24±0.01	2.25±0.11
中部	处理1	28.77±0.37	20.94±0.16	1.99±0.11	2.08±0.03	0.16±0.04	2.28±0.03
	处理2	30.23±0.70	21.72±0.65	2.12±0.02	2.01±0.03	0.28±0.06	2.43±0.87
	处理3	27.11±0.44	20.47±0.18	2.44±0.01	2.11±0.03	0.17±0.01	2.54±0.04
下部	处理1	26.99±0.18	23.13±0.31	1.41±0.02	2.17±0.04	0.33±0.01	3.32±0.08
	处理2	29.60±0.47	26.20±0.39	1.84±0.03	1.95±0.03	0.43±0.02	2.79±0.07
	处理3	18.12±0.16	18.12±0.16	1.35±0.01	1.89±0.04	0.23±0.02	2.63±0.07

2.6　不同种植密度处理烟叶卷烟制品评吸比较

由表2-20可得出，各处理的烟叶卷烟制品评吸结果如下：处理1以正甜香韵为主，辅以青香、木香、焦香香韵，正甜香较明显，中间香型较显著，香气透发，有生青气和木质气；处理2以正甜香韵为主，辅以木香、焦香香韵，正甜香较明显，中间香型较显著，香气透发，稍有枯焦气、木质气和生青气；处理3以正甜香韵为主，辅以青香、木香、焦香香韵，正甜香尚明显，中间香型尚显著，香气透发，稍有生青气和干枯气。其中以处理3总分最高，为67.54分；处理1总分最低，为64.64分。

表2-20　不同种植密度处理烟叶卷烟制品评吸比较

处理	香气质（24分）	香气量（24分）	杂气（12分）	余味（10分）	刺激性（10分）	柔和度（5分）	细腻度（5分）	圆润感（5分）	干燥感（5分）	总分（100分）
处理1	16.32	14.88	7.44	6.50	6.50	3.25	3.20	3.20	3.35	64.64
处理2	14.64	16.56	7.80	7.00	6.50	3.00	3.45	3.20	3.10	65.25
处理3	16.80	15.84	7.80	7.00	6.90	3.45	3.30	3.35	3.10	67.54

3　结论

由试验结果可知，随着种植密度的增加，各处理的大田生育期没有差别；在现蕾期后，随着种植密度的增加，烟株株高呈递增趋势，叶宽变窄；产量和产值呈递增趋势；烟叶外观质量得分先增加后降低；各部位烟叶化学成分含量较协调。综合考虑烟株生长发育和烟叶产质量结果，建议行株距为 110 cm×55 cm，有利于生产优质适产的烟叶。

第五节　烟株打顶时间和留叶数

1　材料与方法

1.1　试验地点

试验在四川省宜宾市兴文县九丝城镇坪山村进行，砂壤土，前作玉米，土壤理化性状如下：土壤 pH 6.4、有机质 2.39%、碱解氮 101.28 mg/kg、有效磷 60.34 mg/kg、速效钾 316.00 mg/kg、铅 28.97 mg/kg、铬 78.99 mg/kg、镉 0.38 mg/kg、汞 0.10 mg/kg、砷 33.48 mg/kg、锌 97.41 mg/kg、铜 57.29 mg/kg。

1.2　试验材料

供试烤烟品种：K326。

肥料：众合生物有机肥（青岛天地缘生物技术开发有限公司生产，有机质 67.95%、N 1.81%、P_2O_5 3.39%、K_2O 3.83%），矿质硝酸钾（N：P_2O_5：K_2O = 13.5：0：45，智利产）。

病虫害防治：土地宝贝（青岛天地缘生物技术开发有限公司生产）、苦参碱（北京清源保科技有限公司）、枯草芽孢杆菌（云南星耀生物制品有限公司）、黄板（25 cm× 20 cm，四川瑞进特科技有限公司）和太阳能杀虫灯（RJT-D/T 型，四川瑞进特科技有限公司）。

抑芽剂：压榨菜籽油。

1.3　试验设计

试验设不同打顶时间和留叶数 2 个因素，不同打顶时间设 A1（现蕾后 5 d 打顶）、A2（现蕾后 10 d 打顶）、A3（现蕾后 15 d 打顶）3 个处理，留叶数为 B1（留叶 18 片）、B2（留叶 20 片）、B3（留叶 22 片）3 个处理，共 9 个处理，每个处理 3 次重复，随机排列。每小区种植 60 株。

烤烟种植行株距为 110 cm×55 cm。有机肥施用量为 3 750 kg/hm²，移栽时作基肥一次性施入，矿质硝酸钾施用量总计为 375 kg/hm²，在移栽后 10 d 和移栽后 30 d 分别追施 150 kg/hm² 和 225 kg/hm²。病虫害防治采用农业防治、物理防治和生物防治，使用土地宝贝防治小地老虎、黄板防治蚜虫、苦参碱防治烟青虫、枯草芽孢杆菌防治黑胫病。封顶后采用压榨菜籽油进行抑芽。烟田杂草采用人工除草。

1.4　试验方法

生育期调查及烟株农艺性状测定按照烟草行业农艺性状测定标准 YC/T 142—2010 进行。

经济性状调查时每个小区单独采收和编杆烘烤、分级、统计产量和产值。

烟叶外观质量按照国家标准 GB 2635—1992 进行。

化学成分测定，选初烤烟叶 X3F、C3F、B2F 各 3 kg 制样，使用 AA3 流动分析仪

宜宾市生态特色烟叶生产技术

测定烟叶化学成分。

烟叶感官质量评价，按照 GB 5606—2005 进行评吸评价。

烟叶农残测定，由通标标准技术服务（上海）有限公司采用气相色谱-质谱法和液相色谱法-串联质谱法进行检测。

1.5 数据处理

采用 Excel 2010 和 SPSS 23.0 进行数据的统计和分析。

2 结果与分析

2.1 不同打顶时间和留叶数对烟株生育期的影响

由试验结果可知，各处理间只有采烤结束期存在差异，从而导致大田生育期存在差异。随着留叶数的增加，大田生育期随之延长，而打顶时间对生育期无影响（表2-21）。

表2-21 不同打顶时间和留叶数对烟株生育期的影响

处理	移栽期	还苗期	团棵期	现蕾期	第一次采烤期	采烤结束期	大田生育期（d）
A1B1	4月29日	5月5日	6月8日	7月7日	7月15日	8月28日	119
A1B2	4月29日	5月5日	6月8日	7月7日	7月15日	8月31日	122
A1B3	4月29日	5月5日	6月8日	7月7日	7月15日	9月5日	127
A2B1	4月29日	5月5日	6月8日	7月7日	7月15日	8月28日	119
A2B2	4月29日	5月5日	6月8日	7月7日	7月15日	8月31日	122
A2B3	4月29日	5月5日	6月8日	7月7日	7月15日	9月5日	127
A3B1	4月29日	5月5日	6月8日	7月7日	7月15日	8月28日	119
A3B2	4月29日	5月5日	6月8日	7月7日	7月15日	8月31日	122
A3B3	4月29日	5月5日	6月8日	7月7日	7月1日5	9月5日	127

2.2 不同打顶时间和留叶数对烟株农艺性状的影响

7月9日，A因素（打顶时间）对各处理烟株农艺性状无明显影响，B因素（留叶数）对烟叶最大叶长有显著影响，两者交互作用对各处理农艺性状间无明显影响，现蕾期各处理烟株的株高、茎围、叶片数和最大叶长、最大叶宽均无明显差异（表2-22）。

7月24日，A因素（打顶时间）对烤烟各处理顶叶长和宽有显著影响，B因素（留叶数）对烤烟各处理农艺性状有显著影响，两者交互作用对各处理株高有显著影响。不同留叶数和打顶时间处理后，各处理的株高发生了明显的变化，留叶数22片处理的株高显著高于留叶数20片的处理，而留叶数20片处理的株高显著高于留叶数18片的处理；留叶数相同而打顶时间不同的处理间株高无明显差异。各处理的茎围无明显差异，为8.31~8.37 cm。各处理的顶叶长存在明显差异，留叶数为18片处理的顶叶长显著大于留叶数20片的处理，留叶数20片处理的顶叶长显著大于留叶数22片的处理；留叶数18片的3处理间顶叶长无明显差异，同为留叶数20片的处理，现蕾10 d打顶的顶叶长显著大于现蕾15 d打顶的顶叶长，留叶22片时，现蕾5 d和10 d打顶的顶叶长显著大于现蕾15 d打顶。打顶时间一致时，随着留叶数增加顶叶长宽明显减小，留叶数相同时，打顶时间对顶叶的长宽影响较小（表2-22）。

8月8日，A因素（打顶时间）对烤烟各处理株高和茎围有显著影响，对其他指标无明显影响，B因素（留叶数）对烤烟各处理株高、顶叶长和宽有显著影响，对茎围无明显影响，两者交互作用对各处理株高有显著影响，对其他指标无明显影响。各处理的茎围也无明显差异。随着留叶数增加各处理顶叶长有变短的趋势，但差别不如7月24日时大，18片处理的顶叶长与20片处理的无明显差异，显著大于22片处理（表2-22）。

表2-22　不同打顶时间和留叶数对烟株农艺性状的影响

测量时间	处理	株高（cm）	茎围（cm）	叶数（片）	最大叶（顶叶）长（cm）	最大叶（顶叶）宽（cm）
7月9日	A1B1	87.16±5.55a	8.15±0.33a	24.53±1.01a	68.41±2.72a	22.68±2.00a
	A1B2	86.62±4.17a	8.16±0.30a	24.33±1.28a	68.36±3.58a	22.42±1.59a
	A1B3	88.90±5.34a	8.24±0.26a	24.77±1.01a	69.54±3.26a	22.93±1.34a
	A2B1	87.70±5.70a	8.22±0.24a	24.37±0.85a	69.38±2.54a	22.92±1.17a
	A2B2	88.65±6.26a	8.21±0.25a	24.77±0.97a	69.24±2.56a	22.97±1.41a
	A2B3	88.68±6.47a	8.16±0.24a	24.63±0.81a	69.87±2.78a	22.74±1.44a
	A3B1	87.68±4.97a	8.21±0.22a	24.80±0.81a	69.25±2.52a	22.72±1.90a
	A3B2	89.91±6.80a	8.20±0.26a	24.63±1.03a	69.48±3.39a	22.69±1.85a
	A3B3	88.90±6.39a	8.15±0.25a	24.73±0.87a	69.76±2.94a	22.85±2.01a
	P（A）	0.438	0.879	0.539	0.077	0.227
	P（B）	0.462	0.893	0.592	0.012	0.854
	P（A×B）	0.213	0.224	0.419	0.797	0.327
7月24日	A1B1	68.52±4.42c	8.35±0.09a	18	62.03±3.55a	15.24±2.69ab
	A1B2	72.84±7.61b	8.31±0.17a	20	56.37±5.59bc	14.01±2.30c
	A1B3	81.37±4.52a	8.37±0.15a	22	50.75±5.38d	12.37±2.49de
	A2B1	68.81±4.69c	8.33±0.16a	18	61.77±3.71a	15.67±2.80a
	A2B2	73.27±3.75b	8.36±0.12a	20	58.20±3.57b	14.48±2.25bc
	A2B3	82.56±4.40a	8.34±0.09a	22	52.14±3.77d	12.14±1.62e
	A3B1	68.53±3.82c	8.36±0.09a	18	61.78±3.81a	14.49±1.42bc
	A3B2	75.21±4.64b	8.30±0.11a	20	55.25±5.35c	13.38±2.27cd
	A3B3	83.26±4.67a	8.36±0.13a	22	47.35±5.10e	11.34±2.11e
	P（A）	0.245	0.668		0.003	0.008
	P（B）	0.000	0.032		0.000	0.000
	P（A×B）	0.037	0.251		0.119	0.805

（续表）

测量时间	处理	株高（cm）	茎围（cm）	叶数（片）	最大叶（顶叶）长（cm）	最大叶（顶叶）宽（cm）
8月8日	A1B1	70. 14±4. 75c	8. 42±0. 34a	18	64. 81±6. 72a	18. 09±2. 33a
	A1B2	74. 17±4. 24b	8. 40±0. 32a	20	63. 36±5. 86ab	16. 74±2. 81bc
	A1B3	82. 67±5. 18a	8. 47±0. 25a	22	60. 47±7. 24b	16. 33±3. 39bc
	A2B1	70. 79±5. 18c	8. 44±0. 24a	18	64. 49±5. 02a	18. 02±2. 70a
	A2B2	74. 98±4. 69b	8. 37±0. 30a	20	63. 48±3. 57ab	17. 66±2. 13ab
	A2B3	83. 51±5. 21a	8. 46±0. 26a	22	60. 81±5. 40b	16. 61±2. 97bc
	A3B1	71. 58±6. 34c	8. 34±0. 19a	18	64. 12±5. 64a	17. 10±1. 79b
	A3B2	76. 42±4. 06b	8. 41±0. 23a	20	62. 32±7. 64ab	16. 73±2. 13bc
	A3B3	84. 98±6. 27a	8. 39±0. 15a	22	56. 59±6. 74c	15. 81±2. 26c
	P（A）	0. 008	0. 200		0. 054	0. 056
	P（B）	0. 000	0. 364		0. 000	0. 020
	P（A×B）	0. 012	0. 282		0. 392	0. 184

注：7月9日为最大叶长宽，7月24日和8月8日为顶叶长宽；同列不同小写字母表示各处理间差异显著（$P<0.05$）。

2.3 不同打顶时间和留叶数对烟叶经济性状的影响

由表2-23可见，A因素（打顶时间）对烤后烟叶经济性状无明显影响，B因素（留叶数）对各处理中上等烟比例和均价有显著影响，对产量和产值无明显影响，两者交互作用对各处理均价有显著影响，对其他指标无明显影响。同一打顶时间，随着留叶数增加产量有增加的趋势，留叶数相同时，随着打顶时间推迟产量有降低的趋势，但各处理烟叶的产量无明显差异；A1B2的中上等烟比例、均价和产值较高，而A3B3的中上等烟比例、均价和产值最低。

表2-23 不同打顶时间和留叶数对烟叶经济性状的影响

处理	产量（kg/hm²）	中上等烟比例（%）	均价（元/kg）	产值（元/hm²）
A1B1	1 939. 65±74. 70a	58. 98±3. 85bc	15. 39±0. 14bc	29 853. 15±445. 05cd
A1B2	2 017. 65±91. 20a	65. 69±5. 60a	16. 86±0. 63a	34 016. 85±1 734. 90a
A1B3	2 054. 70±68. 85a	56. 13±0. 69cd	16. 27±0. 08ab	33 418. 05±269. 10ab
A2B1	1 920. 45±60. 75a	58. 73±1. 68bc	16. 29±0. 71ab	31 267. 50±1 074. 15bc
A2B2	1 975. 95±79. 20a	64. 15±0. 38ab	16. 71±0. 27a	33 019. 80±791. 40ab
A2B3	2 003. 25±84. 60a	55. 69±1. 46cd	16. 18±0. 28ab	32 310. 60±1 245. 00bc
A3B1	1 881. 45±111. 60a	61. 39±2. 02bc	16. 72±0. 64a	31 465. 80±1 644. 15bc
A3B2	1 906. 35±98. 25a	60. 68±2. 81bc	16. 67±0. 35a	31 772. 55±882. 90bc
A3B3	1 912. 50±35. 25a	54. 34±3. 95d	14. 97±0. 53c	28 611. 30±487. 20d
P（A）	0. 137	0. 714	0. 566	0. 265

（续表）

处理	产量（kg/hm²）	中上等烟比例（%）	均价（元/kg）	产值（元/hm²）
P（B）	0.332	0.004	0.018	0.203
P（A×B）	0.963	0.491	0.029	0.286

注：同列不同小写字母表示处理间差异显著（$P<0.05$）。

2.4　不同打顶时间和留叶数对烟叶外观质量的影响

A 因素（打顶时间）对烤后烟叶油分有显著影响，对其他外观质量无明显差异，B 因素（留叶数）和两者交互作用对烤后烟叶外观质量无明显影响，各处理烟叶成熟度较好，A1B1 的成熟度较好，A2B2 和 A3B1 的成熟度较差。各处理的叶片结构均尚疏松，留叶 22 片时叶片结构分值较低。各处理叶片的身份均为中等偏薄，随着打顶时间推迟，叶片身份更薄。各处理叶片的油分均为稍有至有，随着打顶时间推迟和留叶数增加，油分有减少的趋势。各处理烟叶的色度为中等，除 A1B3 的色度稍差外，其余各处理的色度无差别（表2-24）。

表2-24　不同处理对烟叶外观质量的影响

处理	成熟度（10分）	叶片结构（10分）	身份（10分）	油分（10分）	色度（10分）	总分（50分）
A1B1	7.5	7.0	7.0	7.0	6.5	35.0a
A1B2	7.0	7.0	7.0	7.0	6.5	34.5a
A1B3	7.0	6.5	6.5	7.0	6.0	33.0ab
A2B1	7.0	6.5	7.0	7.0	6.5	34.0a
A2B2	6.5	6.0	7.0	6.5	6.5	32.5b
A2B3	7.0	6.0	6.5	6.5	6.5	32.5b
A3B1	6.5	6.0	6.5	6.0	6.5	31.5b
A3B2	7.0	6.5	7.0	7.0	6.5	34.0a
A3B3	7.0	6.5	6.5	6.5	6.5	33.0ab
P（A）	0.069	0.409	0.895	0.010	0.237	0.229
P（B）	0.895	0.669	0.474	0.914	0.940	0.838
P（A×B）	0.260	0.077	0.977	0.736	0.992	0.274

注：同列不同小写字母表示处理间差异显著（$P<0.05$）。

3　结论

封顶是烟叶生产中一项重要的农艺措施，封顶时间及留叶数均会影响烟株的生长和烟叶的产量、质量。本试验结果表明，随着留叶数增加，烟株大田生育期随之延长，烟株株高明显增加，顶叶长和宽明显下降，产量有增加的趋势。试验结果显示，打顶时间对生育期、烟株株高无明显影响。

试验结果表明，随着留叶数增加和打顶时间提前烟叶产量有增加的趋势，但是差异不明显；但各处理的均价、中上等烟比例及产值差异显著，现蕾 5 d 打顶留叶 18 片处理的均价、中上等烟比例及产值最高。

试验发现随着打顶时间推迟和留叶数增加，烟叶的烟碱和总氮含量逐渐下降。随着打顶时间推迟烟叶的外观质量和评吸质量明显下降，试验结果表明现蕾 5 d 打顶、留叶 20 片时烟叶的外观质量和评吸质量最佳。

吸烟与健康问题日益引起世人关注，生产安全性卷烟制品已迫在眉睫，而生产安全性卷烟前提就是要种植安全性高的烟叶，本试验结果表明在烟叶生产中不使用化学合成的化肥和农药时，烟叶可正常生长发育，烟叶中 315 项农残均未检出，不仅能提高烟叶的安全性，而且能保护生态环境，促进烟叶生产的可持续发展。

在烟叶生产中不使用化学合成的肥料和农药时烟株能正常生长发育，提高烟叶的安全性，在烟株现蕾后 5 d 封顶、留叶 20 片时能获得较高的经济价值和最佳的烟叶质量。

第六节　菜籽油抑芽技术

1　材料与方法

1.1　试验地点

试验在四川省宜宾市兴文县九丝城镇坪山村进行，砂壤土，前作玉米，土壤理化性状如下：土壤 pH 6.4、有机质 23.89 mg/kg、碱解氮 101.28 mg/kg、有效磷 60.34 mg/kg、速效钾 316.00 mg/kg、铅 28.97 mg/kg、铬 78.99 mg/kg、镉 0.38 mg/kg、汞 0.10 mg/kg、砷 33.48 mg/kg、锌 97.41 mg/kg、铜 57.29 mg/kg。

1.2　供试材料

参试烤烟品种：K326。

肥料：众合生物有机肥（青岛天地缘生物技术开发有限公司生产，有机质 67.95%、N 1.81%、P_2O_5 3.39%、K_2O 3.83%），矿质硝酸钾（N∶P_2O_5∶K_2O = 13.5∶0∶45，智利产）。

病虫害防治：土地宝贝（青岛天地缘生物技术开发有限公司生产）、苦参碱（北京清源保科技有限公司）、枯草芽孢杆菌（云南星耀生物制品有限公司）、黄板（25 cm×20 cm，四川瑞进特科技有限公司）和太阳能杀虫灯（RJT-D/T 型，四川瑞进特科技有限公司）。

涂抹用具：医用脱脂棉、一次性注射器（5 mL、10 mL）和压榨菜籽油。

1.3　试验设计

试验设不同菜籽油用量和涂抹叶位 2 个因素。不同菜籽油用量：A1，菜籽油用量 2 mL/株；A2，菜籽油用量 4 mL/株；A3，菜籽油用量 6 mL/株。不同涂抹叶位：B1，顶部往下 3 个叶位；B2，顶部往下 5 个叶位；B3，顶部往下 7 个叶位。对照 1（只打顶，不使用抑芽剂也不进行人工抹芽），对照 2（除芽通稀释 80 倍后从烟株顶部杯淋，保证每个腋芽处均有抑芽剂）。共 11 个处理，每个处理 3 次重复，随机排列。每小区种植 60 株烟。

烤烟种植行株距为 110 cm×55 cm。有机肥施用量为 3 750 kg/hm²，移栽时作基肥一次性施入，矿质硝酸钾施用量为 375 kg/hm²，移栽后 10 d 和 30 d 时分别追施 150 kg/hm² 和 225 kg/hm²。病虫害防治采用农业防治、物理防治和生物防治，使用土地宝贝防治小地老虎、黄板防治蚜虫、苦参碱防治烟青虫、枯草芽孢杆菌防治黑胫病。封顶后采用压榨菜籽油进行抑芽。烟田杂草采用人工除草。

1.4　调查内容与测定方法

生育期调查及烟株农艺性状测定按照烟草行业农艺性状测定标准 YC/T 142—2010 进行。

经济性状调查时每个小区单独采收和编杆烘烤、分级、统计产量和产值。

烟叶外观质量按照国家标准 GB 2635—1992 进行。

化学成分测定，选初烤烟叶 X3F、C3F、B2F 各 3 kg 制样，使用 AA3 流动分析仪测定烟叶化学成分。

烟支感官质量评价按照 GB 5606—2005 进行评吸评价。

腋芽生长情况调查：于涂抹菜籽油后 1 周、2 周、3 周和 4 周调查每小区烟株的腋芽个数、有芽株数和腋芽的长度；在最后一次烘烤时，人工打掉全部腋芽，称鲜重，入烤房烘干，称干重。

1.5　数据处理

采用 Excel 2010 和 SPSS 23.0 进行数据的统计和分析。

2　结果与分析

2.1　不同菜籽油用量和涂抹叶位对烟株生育期的影响

由表 2-25 可知，不同菜籽油用量和涂抹叶位处理对烟株的生育期没有影响。

表 2-25　不同菜籽油用量和涂抹叶位对烟株生育期的影响

处理	移栽期	还苗期	团棵期	现蕾期	第一次采烤期	采烤结束期	大田生育期（d）
A1B1	4 月 25 日	5 月 2 日	6 月 8 日	7 月 2 日	7 月 15 日	8 月 23 日	121
A1B2	4 月 25 日	5 月 2 日	6 月 8 日	7 月 2 日	7 月 15 日	8 月 23 日	121
A1B3	4 月 25 日	5 月 2 日	6 月 8 日	7 月 2 日	7 月 15 日	8 月 23 日	121
A2B1	4 月 25 日	5 月 2 日	6 月 8 日	7 月 2 日	7 月 15 日	8 月 23 日	121
A2B2	4 月 25 日	5 月 2 日	6 月 8 日	7 月 2 日	7 月 15 日	8 月 23 日	121
A2B3	4 月 25 日	5 月 2 日	6 月 8 日	7 月 2 日	7 月 15 日	8 月 23 日	121
A3B1	4 月 25 日	5 月 2 日	6 月 8 日	7 月 2 日	7 月 15 日	8 月 23 日	121
A3B2	4 月 25 日	5 月 2 日	6 月 8 日	7 月 2 日	7 月 15 日	8 月 23 日	121
A3B3	4 月 25 日	5 月 2 日	6 月 8 日	7 月 2 日	7 月 15 日	8 月 23 日	121
对照1	4 月 25 日	5 月 2 日	6 月 8 日	7 月 2 日	7 月 15 日	8 月 23 日	121
对照2	4 月 25 日	5 月 2 日	6 月 8 日	7 月 2 日	7 月 15 日	8 月 23 日	121

2.2 不同菜籽油用量和涂抹叶位对处理前烟株农艺性状的影响

在对烟叶涂抹菜籽油处理前，烟株的株高、茎围、叶片数和顶部第1、第2片叶的长和宽均无明显差异（表2-26）。

表2-26 不同菜籽油用量和涂抹叶位对处理前的烟株农艺性状的影响

处理	株高（cm）	茎围（cm）	叶片数	顶1长（cm）	顶1宽（cm）	顶2长（cm）	顶2宽（cm）
A1B1	98.76a	7.1±0.18a	19.13±1.68a	34.88±3.56a	9.40±1.06a	40.30±4.09a	12.20±1.34a
A1B2	100.7a	7.15±0.24a	18.50±0.67a	36.41±7.07a	10.39±2.47a	41.78±7.54a	12.50±2.44a
A1B3	98.69a	7.12±0.24a	19.20±0.94a	33.66±4.55a	9.85±1.53a	38.50±4.70a	11.23±1.77a
A2B1	99.57a	7.13±0.25a	19.26±1.94a	36.27±5.64a	10.22±2.52a	43.44±6.62a	12.64±2.66a
A2B2	99.88a	7.14±0.26a	19.13±1.18a	36.02±4.32a	10.42±1.83a	42.82±4.63a	12.74±1.51a
A2B3	101.62a	7.1±0.37a	19.26±1.75a	33.73±6.35a	9.32±2.50a	39.51±7.36a	11.70±3.00a
A3B1	99.30a	7.13±0.20a	19.46±1.30a	33.42±4.96a	9.80±1.79a	39.41±5.92a	12.30±2.03a
A3B2	101.04a	7.22±0.38a	18.63±1.23a	36.14±6.33a	10.48±2.49a	41.80±5.84a	13.42±2.03a
A3B3	98.67a	7.17±0.21a	18.46±1.18a	34.42±3.76a	9.84±1.79a	40.00±4.51a	11.99±2.09a
对照1	98.16a	7.12±0.27a	19.06±1.43a	33.94±5.15a	9.20±2.18a	37.08±6.17a	11.38±2.59a
对照2	98.57a	7.27±0.26a	18.8±1.65a	35.54±4.17a	10.46±2.03a	42.05±4.27a	13.31±2.15a

注：本次测量是在打顶后即7月2日；顶1长是指顶部第1片叶的长度，顶1宽是指顶部第1片叶的宽度，以此类推；同列不同小写字母表示各处理间差异显著（P<0.05）。

2.3 不同菜籽油用量和涂抹叶位对顶部3片叶长和宽的影响

打顶后1周，A因素（菜籽油用量）、B因素（涂抹叶位）和两者的交互作用对烟叶顶部第1、第2和第3片叶的长和宽无明显影响。各处理顶部第1片叶长之间无明显差异，对照1的叶宽最窄，显著窄于A3B3，与其他处理之间都没有差异；A2B2的顶部第2片叶长最长，显著长于A1B1、A3B2、对照1和对照2，与其他处理之间无明显差异，A2B1的叶片宽最宽，显著宽于对照1，与其他处理之间无明显差异；A1B2的顶部第3片叶长最长，显著长于A1B1、A3B2、对照1和对照2，与其他处理之间无明显差异，A2B3的叶宽最宽，显著宽于A1B1、对照1和对照2，与其他处理之间无明显差异（表2-27）。

打顶后2周，A因素（菜籽油用量）、B因素（涂抹叶位）和两者交互作用对烟叶顶部第1、第2和第3片叶的长和宽无明显影响。各处理顶部第1片叶长之间无明显差异，A2B2的叶宽最宽，显著宽于A1B1、A3B2、对照1，与其他处理之间无明显差异；A2B3的顶部第2片叶长最长，显著长于A3B1、A3B3、对照1和对照2，与其他处理之间无明显差异；A1B2的顶部第3片叶长最长，显著长于A1B1、A3B1、对照1和对照2，与其他处理之间无明显差异，A1B2的叶宽最宽，显著宽于A1B1、A3B2和对照1，与其他处理之间无明显差异（表2-27）。

打顶后 3 周，A 因素（菜籽油用量）、B 因素（涂抹叶位）和两者交互作用对烟叶顶部第 1、第 2 和第 3 片叶的长和宽无明显影响。A2B3 的顶部第 1 片叶长最长，显著长于 A1B1、A1B2、A1B3、A2B2 和对照 2，与其他处理之间差异显著，各处理叶宽之间均无明显差异；对照 1 的顶部第 2 片叶长最短，显著短于与其他各处理，对照 1 的叶宽最窄，显著窄于 A1B1、A3B2 和 A3B3，与其他处理之间均存在差异；对照 1 的顶部第 3 片叶长最小，与其他各处理间均差异显著，A1B2 的叶宽最大，显著宽于 A2B1、A2B2、A2B3 和 A3B3，与其他处理之间差异显著（表 2-27）。

打顶后 4 周，A 因素（菜籽油用量）、B 因素（涂抹叶位）和两者交互作用对烟叶顶部第 1、第 2 和第 3 片叶的长和宽无明显影响。对照 2 的顶部第 1 片叶长最长，显著长于 A3B2 和对照 1，与其他处理之间无明显差异，A2B2 的叶宽最宽，与 A1B3、A2B1、A2B3 和对照 2 之间差异不显著；对照 1 的顶部第 2 片叶长最短，与其他各处理之间均差异显著，A2B3 的叶宽最宽，显著宽于 A1B1、A1B3、A3B2 和对照 1，与其他处理之间无明显差异；对照 1 顶部第 3 片叶长最短，显著短于与其他各处理，A2B2 的叶宽最宽，显著宽于对照 1（表 2-27）。

表 2-27　不同菜籽油用量和涂抹叶位对顶部 3 片叶长和叶宽的影响

测定时间	处理	顶 1 长（cm）	顶 1 宽（cm）	顶 2 长（cm）	顶 2 宽（cm）	顶 3 长（cm）	顶 3 宽（cm）
打顶后 1 周	A1B1	38.79±6.8a	12.12±2.6b	48.62±5.7bc	14.48±2.5ab	53.34±3.9b	15.40±3.3b
	A1B2	45.20±4.8a	14.1±2.5ab	51.86±8.1ab	16.12±2.7a	57.80±4.9a	17.91±2.0a
	A1B3	43.38±6.0a	12.55±4.5ab	50.43±4.8ab	15.56±2.8ab	53.54±3.8ab	17.36±2.1ab
	A2B1	38.84±4.9a	13.65±2.2ab	51.72±4.6ab	16.30±2.2ab	56.22±6.3ab	17.40±2.2ab
	A2B2	44.94±2.8a	13.65±1.5ab	49.70±5.1ab	15.77±2.2ab	54.69±4.8ab	17.36±2.9ab
	A2B3	43.67±6.1a	13.72±2.6ab	53.53±8.0a	15.77±3.4ab	55.76±7.6ab	18.01±3.2a
	A3B1	40.98±6.9a	13.31±2.8ab	50.94±5.7ab	15.88±3.0a	53.54±5.6ab	16.24±2.6ab
	A3B2	35.80±7.9a	13.31±4.3ab	49.06±6.0b	14.98±3.5ab	53.27±7.0b	16.36±2.3ab
	A3B3	36.10±9.8a	15.38±7.2a	49.26±6.3ab	14.83±3.5ab	53.62±6.0ab	17.61±3.7b
	对照 1	37.22±6.5a	10.68±2.1b	44.24±7.4c	13.29±2.9b	48.18±7.0c	15.50±3.4b
	对照 2	43.16±4.3a	12.43±1.8ab	48.90±4.0b	15.06±2.1ab	50.65±6.4b	15.60±2.2b
	P（A）	0.471	0.698	0.483	0.610	0.383	0.351
	P（B）	0.814	0.416	0.833	0.942	0.732	0.096
	P（A×B）	0.604	0.688	0.451	0.591	0.450	0.421

（续表）

测定时间	处理	顶1长（cm）	顶1宽（cm）	顶2长（cm）	顶2宽（cm）	顶3长（cm）	顶3宽（cm）
打顶后2周	A1B1	43.22±4.8a	13.33±4.5b	57.51±7.1ab	16.32±3.5a	60.20±6.3b	17.44±3.4b
	A1B2	46.85±5.7a	15.98±2.7a	58.96±5.5ab	17.64±2.7a	64.80±3.2a	20.07±2.3a
	A1B3	43.90±3.9a	15.72±2.8ab	57.14±6.3ab	18.23±2.4a	62.38±4.2ab	19.69±2.8ab
	A2B1	45.89±6.4a	15.25±2.5ab	58.47±2.6ab	18.04±2.2a	61.95±3.6ab	19.99±2.7ab
	A2B2	43.98±4.5a	16.43±2.8a	58.42±6.7ab	18.40±2.4a	64.48±5.8a	19.67±2.1ab
	A2B3	45.11±6.4a	16.30±3.2a	61.62±7.8a	18.43±3.8a	63.97±7.2ab	19.87±2.9ab
	A3B1	44.96±7.3a	15.22±2.8ab	55.30±6.7b	16.63±5.5a	59.8±4.9bc	19.05±2.0ab
	A3B2	42.08±8.2a	13.55±3.0b	57.84±8.2ab	16.97±2.5a	60.74±6.6ab	18.01±2.8b
	A3B3	41.43±3.8a	15.08±3.4ab	56.16±9.1b	15.94±6.1a	60.74±6.9ab	18.79±3.1ab
	对照1	39.14±5.3a	13.72±3.1b	51.98±8.4b	16.36±3.8a	55.91±7.8c	17.75±3.7b
	对照2	45.18±7.1a	14.44±2.6ab	55.77±4.9b	16.53±5.2a	57.86±5.6bc	18.26±2.1ab
	P（A）	0.815	0.292	0.31	0.417	0.069	0.191
	P（B）	0.906	0.67	0.825	0.843	0.252	0.777
	P（A×B）	0.747	0.47	0.807	0.704	0.775	0.276
打顶后3周	A1B1	48.37±8.9ab	15.10±2.2a	60.20±9.2a	18.58±3.7ab	63.38±6.1b	19.22±3.8b
	A1B2	55.10±6.2ab	17.30±2.9a	61.70±4.6a	18.93±2.8a	65.73±3.6ab	24.31±2.8a
	A1B3	55.21±7.8ab	16.68±3.2a	60.15±7.5a	18.76±3.2a	63.10±6.0b	20.32±2.6b
	A2B1	39.91±9.2b	17.15±2.4a	61.92±3.5a	20.03±2.2a	64.99±5.1ab	21.57±2.5ab
	A2B2	46.75±5.3ab	18.70±3.4a	64.47±5.5a	20.76±3.0a	67.99±4.7ab	21.70±2.9ab
	A2B3	59.44±7.6a	17.66±3.5a	64.92±7.3a	20.13±3.6a	68.22±6.4a	21.84±2.7ab
	A3B1	42.42±6.8b	17.91±2.0a	61.00±8.8a	19.56±2.1a	64.53±5.0ab	20.23±2.1b
	A3B2	43.92±4.3b	15.38±3.2a	63.6±7.0a	18.76±3.0ab	65.40±7.2ab	19.9±62.9b
	A3B3	45.05±4.1b	15.82±2.7a	60.48±8.2a	18.65±4.0ab	65.66±6.2ab	20.95±2.5ab
	对照1	44.46±6.3b	14.13±3.3a	50.58±7.9b	16.30±3.5b	52.96±7.4c	17.92±3.8b
	对照2	55.73±5.3ab	16.74±2.4a	61.73±4.1a	19.59±2.2a	62.72±4.6b	19.08±2.3b
	P（A）	0.811	0.545	0.425	0.323	0.58	0.555
	P（B）	0.929	0.438	0.540	0.775	0.731	0.499
	P（A×B）	0.941	0.694	0.955	0.892	0.869	0.198

（续表）

测定时间	处理	顶1长（cm）	顶1宽（cm）	顶2长（cm）	顶2宽（cm）	顶3长（cm）	顶3宽（cm）
打顶后4周	A1B1	50.44±8.3ab	16.83±2.9b	59.70±8.7b	18.01±3.6c	64.88±5.7b	20.34±3.1ab
	A1B2	53.46±4.8a	17.09±3.1b	65.84±7.3ab	20.78±3.3ab	67.84±4.1ab	22.17±2.7a
	A1B3	51.52±7.0ab	18.89±3.5ab	60.76±9.5b	19.26±2.6bc	64.55±3.9b	21.74±2.5ab
	A2B1	51.82±4.5ab	17.86±2.8ab	65.13±5.9ab	20.23±2.5ab	65.98±5.6ab	21.21±1.9ab
	A2B2	52.37±6.2ab	20.03±3.7a	66.44±5.8ab	22.01±3.0a	70.50±6.6a	22.70±2.4a
	A2B3	54.74±7.1a	18.1±3.6ab	67.02±5.8a	21.40±4.2a	69.17±5.0ab	22.07±3.5a
	A3B1	49.45±8.5ab	16.79±1.8b	62.47±7.2ab	20.61±2.0ab	65.93±5.8ab	21.55±1.6ab
	A3B2	46.56±7.5b	16.37±2.8b	61.37±5.0ab	18.75±1.8bc	64.43±5.9b	20.77±3.2ab
	A3B3	52.93±6.8ab	15.80±5.0b	63.65±6.8ab	19.70±2.8ab	66.22±6.9ab	22.20±3.1a
	对照1	45.98±7.6b	14.87±3.5b	50.54±8.3c	16.63±3.9c	54.87±10.5c	18.88±5.5b
	对照2	58.49±5.5a	17.81±2.7ab	63.58±4.7ab	20.77±2.4ab	65.21±5.6b	20.66±2.1ab
	P（A）	0.379	0.197	0.289	0.191	0.175	0.668
	P（B）	0.908	0.932	0.672	0.680	0.569	0.350
	P（A×B）	0.891	0.669	0.472	0.374	0.488	0.735

注：同列不同小写字母表示处理间差异显著（$P<0.05$）。

2.4 不同菜籽油用量和涂抹叶位对烟叶经济性状的影响

A 因素（菜籽油用量）对烤后烟叶产值有显著影响，对其他指标无明显影响，B 因素（涂抹叶位）和两者交互作用对烤后烟叶经济性状无明显影响。A2B2 的产量最高，显著高于 A1B2、A2B3、A2B3、A3B2 和对照2；A3B1 的产量最低，显著低于 A2B2 和对照2，与其他处理间差异不显著；对照2 的中上等烟比例最高，显著高于 A1B3、A2B2、A3B1 和对照1，与其他处理之间差异不显著，对照1 的中上等烟比例最低，显著低于对照2，与其他处理之间差异不显著；对照2 的均价最高，与 A1B2、A2B1、A2B2、A2B3、A3B2 和 A3B3 之间无差异，显著高于其他处理，对照1 的均价最低，显著低于对照2，与其他处理之间都差异不显著；对照2 的产值最高，与 A2B2、A3B2 之间差异不显著，显著高于其他处理，对照1 的产值最低，与 A1B2、A2B1、A3B1 之间差异不显著，显著低于其他处理（表2-28）。

表 2-28 不同菜籽油用量和涂抹叶位对烟叶经济性状的影响

处理	产量（kg/hm²）	中上等烟比例（%）	均价（元/kg）	产值（元/hm²）
A1B1	2 181.82±265.2b	57.13±6.0ab	15.76±0.9b	34 281.6±3 020.7bc
A1B2	2 158.96±207.0ab	56.69±5.0ab	16.31±0.6ab	35 142.1±1 960.7bc
A1B3	2 320.78±74.8ab	54.93±3.1b	15.83±0.2b	36 739.8±574.6b
A2B1	2 030.41±34.6b	61.74±6.0ab	16.54±0.5ab	33 596.1±1 741.2bc
A2B2	2 397.52±101.5a	55.84±6.4b	16.16±0.8ab	38 719.2±1 004.1ab
A2B3	2 293.57±103.1ab	58.50±4.2ab	16.39±0.7ab	37 590.2±2 331.6ab

（续表）

处理	产量（kg/hm²）	中上等烟比例（%）	均价（元/kg）	产值（元/hm²）
A3B1	2 004.73±230.5b	55.95±6.2b	15.85±1.2b	31 583.8±989.2bc
A3B2	2 189.46±358.8ab	61.00±4.8ab	17.41±1.8ab	37 700.9±2 688.7ab
A3B3	2 204.43±211.6ab	58.53±3.9ab	16.41±1.4ab	36 066.5±3 155.0b
对照1	2 119.42±129.3b	51.49±2.2b	14.79±1.1b	31 412.3±3 850.5c
对照2	2 300.09±262.3a	66.29±6.1a	17.87±1.3a	40 883.1±3 438.1a
P（A）	0.099	0.924	0.490	0.001
P（B）	0.499	0.537	0.492	0.298
P（A×B）	0.583	0.475	0.625	0.303

注：同列不同小写字母表示处理间差异显著（$P<0.05$）。

2.5 不同菜籽油用量和涂抹叶位对烟叶化学成分的影响

A因素（菜籽油用量）、B因素（涂抹叶位）以及两者的交互作用对烤后上部叶化学成分含量无明显影响。各处理上部叶总糖含量为18.45%~24.42%，对照1的最低，对照2的最高；还原糖含量为14.98%~21.34%，A2B3的最高，随着涂抹叶位和菜籽油用量的增加，烟碱和总氮含量基本呈先增后减的趋势，各处理烟碱和总氮含量均在1.71%~2.82%，各处理烟叶的氯含量均在1%以下；除了A1B1的上部叶钾含量低于2%，其余各处理的上部叶钾含量均高于2%（表2-29）。

表2-29 不同菜籽油用量和涂抹叶位对烟叶化学成分的影响

部位	处理	总糖（%）	还原糖（%）	烟碱（%）	总氮（%）	氯（%）	钾（%）
上部叶	A1B1	21.27±0.13b	17.48±0.06b	2.31±0.01ab	2.44±0.02ab	0.39±0.01a	1.98±0.09b
	A1B2	19.56±0.23bc	16.11±0.05bc	1.89±0.02c	2.24±0.02ab	0.15±0.02a	2.16±0.06b
	A1B3	19.85±0.46bc	15.46±0.27c	2.06±0.09bc	2.34±0.02ab	0.12±0.02a	2.57±0.07a
	A2B1	19.51±0.46bc	15.56±0.32c	2.35±0.07ab	2.18±0.04ab	0.10±0.01a	2.68±0.05a
	A2B2	18.43±0.18c	14.98±0.26c	2.47±0.03a	2.57±0.01a	0.16±0.02a	2.20±0.01b
	A2B3	23.08±0.13ab	21.34±0.25a	2.17±0.02b	2.82±0.01a	0.56±0.07a	2.66±0.01a
	A3B1	23.45±0.11a	19.41±0.03ab	2.23±0.02b	2.38±0.04ab	0.24±0.01a	2.27±0.06b
	A3B2	19.33±0.05bc	16.41±0.05bc	1.71±0.03c	2.60±0.04a	0.22±0.03a	2.55±0.07a
	A3B3	20.34±0.22bc	18.02±0.07b	2.22±0.03b	2.31±0.01ab	0.23±0.01a	2.31±0.05ab
	对照1	18.36±0.13c	16.32±0.04bc	1.87±0.03c	2.05±0.07b	0.32±0.01a	2.44±0.05ab
	对照2	24.42±0.06a	19.93±0.19ab	2.59±0.02a	2.33±0.01ab	0.14±0.01a	2.06±0.09ab
	P（A）	0.300	0.269	0.442	0.204	0.995	0.367
	P（B）	0.990	0.831	0.721	0.340	0.427	0.429
	P（A×B）	0.586	0.727	0.917	0.730	0.147	0.687

（续表）

部位	处理	总糖（%）	还原糖（%）	烟碱（%）	总氮（%）	氯（%）	钾（%）
中部叶	A1B1	26.66±0.34ac	21.64±0.15ab	2.08±0.01a	1.78±0.03b	0.24±0.01a	2.61±0.12b
	A1B2	24.78±0.79b	20.19±0.54b	1.70±0.05b	1.64±0.01bc	0.31±0.01a	3.41±0.05a
	A1B3	28.23±0.32a	22.74±0.28a	1.59±0.03bc	1.61±0.02bc	0.25±0.04a	2.59±0.15b
	A2B1	26.83±0.16a	20.43±0.35b	1.54±0.06bc	1.50±0.01c	0.28±0.02a	3.24±0.22a
	A2B2	27.18±0.19a	21.81±0.35ab	1.70±0.01b	2.09±0.02ab	0.25±0.02a	2.33±0.04c
	A2B3	28.81±0.43a	24.97±0.26a	1.48±0.02c	1.48±0.02	0.29±0.00a	2.73±0.05b
	A3B1	25.72±0.09b	21.07±0.54ab	1.73±0.03b	1.66±0.02bc	0.38±0.03a	2.87±0.08b
	A3B2	25.50±0.16b	21.48±0.05ab	1.90±0.02a	1.81±0.01b	0.23±0.01a	2.38±0.02c
	A3B3	24.80±0.21b	20.39±0.19b	1.94±0.01a	1.48±0.04c	0.19±0.01a	2.75±0.05b
	对照1	18.56±0.64c	15.42±0.42c	1.50±0.04bc	2.22±0.02a	0.23±0.05a	2.70±0.10b
	对照2	23.89±0.56b	19.72±0.59b	2.07±0.03a	2.22±0.08a	0.17±0.05a	2.23±0.26c
	P（A）	0.239	0.622	0.469	0.636	0.684	0.197
	P（B）	0.528	0.898	0.744	0.843	0.955	0.203
	P（A×B）	0.920	0.980	0.988	0.945	0.984	0.630
下部叶	A1B1	21.13±0.16b	17.83±0.27b	1.98±0.01b	1.58±0.02c	0.76±0.02a	3.65±0.08a
	A1B2	21.43±0.24b	17.26±0.04bc	1.54±0.01c	1.40±0.03c	0.43±0.00a	2.87±0.05c
	A1B3	26.70±1.05a	22.65±0.53a	2.14±0.03b	1.56±0.02c	0.31±0.06a	2.69±0.21c
	A2B1	21.28±0.21b	18.18±0.13b	2.19±0.02b	1.73±0.03bc	0.57±0.02a	3.56±0.05a
	A2B2	16.29±0.22c	13.37±0.21d	2.06±0.01b	1.70±0.03bc	0.79±0.02a	2.95±0.05bc
	A2B3	19.49±0.57bc	16.94±0.45bc	2.12±0.04b	1.76±0.27bc	0.56±0.02a	3.47±0.20a
	A3B1	20.80±0.07b	17.01±0.12bc	2.24±0.01b	1.58±0.04c	0.34±0.01a	2.96±0.09bc
	A3B2	16.61±0.64c	12.74±0.42d	2.29±0.04ab	1.69±0.02c	0.42±0.05a	3.19±0.10b
	A3B3	17.31±0.56c	15.47±0.59c	2.06±0.03b	1.91±0.08b	0.40±0.05a	3.53±0.26a
	对照1	17.27±1.58c	15.37±0.14c	2.21±0.11b	2.34±0.07a	0.20±0.01a	2.68±0.18c
	对照2	24.34±0.09a	21.03±0.12a	2.51±0.04a	2.99±0.02a	0.18±0.01a	2.65±0.08c
	P（A）	0.787	0.743	0.799	0.513	0.859	0.504
	P（B）	0.965	0.980	0.355	0.723	0.536	0.687
	P（A×B）	0.588	0.916	0.359	0.823	0.982	0.716

注：同列不同小写字母表示处理间差异显著（$P<0.05$）。

A因素（菜籽油用量）、B因素（涂抹叶位）以及两者的交互作用对烤后中部叶化学成分含量无明显影响。中部叶的总糖含量为18.56%～28.81%，还原糖含量为15.42%～24.97%，烟碱含量为1.48%～2.08%，总氮含量为1.48%～2.22%，氯含量为

0.17%~0.38%，钾含量为 2.33%~3.41%。中部叶总糖和还原糖含量较高，烟碱、总氮和氯含量适中，总钾含量均在 2% 以上（表 2-29）。

A 因素（菜籽油用量）、B 因素（涂抹叶位）以及两者的交互作用对烤后下部叶化学成分含量无明显影响。下部叶的总糖含量为 16.29%~26.70%，还原糖含量为 12.71%~22.65%，烟碱含量为 1.54%~2.51%，总氮含量为 1.40%~2.99%，氯含量为 0.18%~0.79%，钾含量为 2.65%~3.65%。下部叶总糖含量以 A1B1、A1B2、A2B1、A2B3 和 A3B1 处理较适宜，还原糖含量以 A1B1、A1B2、A2B3 和 A3B1 处理较适宜，烟碱、总氮和氯含量适中，总钾含量均在 2% 以上（表 2-29）。

2.6　菜籽油用量和涂抹叶位对单株腋芽个数和长度的影响

打顶后 1 周，A 因素（菜籽油用量）对腋芽个数有显著影响，对腋芽长度无明显影响，B 因素（涂抹叶位）和两者交互作用对各处理腋芽长度和个数均无明显影响。对照 1 的腋芽最长，显著长于其他处理，当涂抹叶位一定时，腋芽长度随着菜籽油用量的增长呈递减的趋势，当菜籽油用量一致时，腋芽长度随着涂抹叶位的增加呈先缩短后增长的趋势；对照 1 的腋芽个数最多，与 A1B1、A1B2 和 A1B3 之间差异不显著，显著多于其他处理，当菜籽油用量一致时，腋芽个数随着涂抹叶位的增加呈先减少后增多的趋势（表 2-30）。

打顶后 2 周，A 因素（菜籽油用量）对腋芽长度和个数均有显著影响，B 因素（涂抹叶位）和两者交互作用对各处理腋芽长度和个数均无明显影响。对照 1 的腋芽长度最长，与 A1B3 之间无差异，显著长于其他处理，当涂抹叶位一定时，腋芽长度随着菜籽油用量的增长呈递减的趋势，当菜籽油用量一致时，腋芽长度随着涂抹叶位的增加呈先缩短后增长的趋势；对照 1 的腋芽个数最多，与 A1B1、A1B2、A1B3 和 A2B1 之间差异不显著，显著多于其他处理，腋芽个数随着菜籽油用量和涂抹叶位的增长呈先减少后增多的趋势（表 2-30）。

打顶后 3 周，A 因素（菜籽油用量）对腋芽长度有显著影响，对腋芽个数无明显影响；B 因素（涂抹叶位）和两者交互作用对各处理腋芽个数有显著影响，对腋芽长度无明显影响。对照 1 的腋芽最长，与 A1B1、A1B3 和 A2B3 之间差异不显著，显著长于其他处理，在菜籽油用量一定时，腋芽长度随着涂抹叶位的增加呈先缩短后增长的趋势；对照 1 的腋芽个数最多，与 A1B1、A1B2、A1B3 和 A2B1 之间差异不显著，显著多于其他处理，当菜籽油用量一致时，腋芽个数随着涂抹叶位的增加呈先减少后增多的趋势（表 2-30）。

打顶后 4 周，A 因素（菜籽油用量）对腋芽长度有显著影响，对腋芽个数无明显影响；B 因素（涂抹叶位）对各处理腋芽长度和个数均有显著影响，两者交互作用对各处理腋芽长度和个数均无明显影响。对照 1 的腋芽长度最长，与 A1B1 和 A1B3 之间差异不显著，显著长于其他处理，当涂抹叶位一定时，腋芽长度随着菜籽油用量的增加呈递减的趋势，当菜籽油用量一致时，腋芽长度随着涂抹叶位的增加呈先缩短后增长的趋势。对照 1 的腋芽个数最多，显著多于对照 2，与其他处理之间差异不显著，当涂抹叶位一致时，腋芽个数随着菜籽油用量的增加呈递减的趋势；当菜籽油用量一致时，腋芽个数随着涂抹叶位的增加呈先减少后增多的趋势（表 2-30）。

表2-30 不同处理对单株腋芽长度和个数的影响

处理	打顶后1周		打顶后2周		打顶后3周		打顶后4周	
	芽长（cm）	芽数（个）	芽长（cm）	芽数（个）	芽长（cm）	芽数（个）	芽长（cm）	芽数（个）
A1B1	1.41±0.57b	3.01±0.71ab	7.36±1.17b	3.30±0.65ab	23.80±1.81ab	3.51±0.90ab	40.61±4.32ab	4.04±0.74ab
A1B2	1.39±0.30b	2.94±0.77ab	6.69±1.84b	3.23±0.25ab	20.73±3.92b	3.43±0.30ab	35.64±10.91b	3.46±0.98ab
A1B3	1.53±0.11b	3.56±0.40ab	8.12±1.56ab	4.20±0.91ab	24.37±3.38ab	4.01±0.77a	47.62±8.97a	4.46±0.41a
A2B1	1.16±0.25bc	2.64±0.92bc	6.73±0.45b	3.16±0.30ab	22.17±4.12ab	3.46±0.50ab	34.39±3.68b	3.8±1.00ab
A2B2	1.06±0.15bc	1.53±0.51c	5.89±1.16bc	1.78±0.20b	14.52±3.88bc	2.46±0.64b	26.02±5.85bc	3.46±0.80ab
A2B3	1.09±0.15bc	1.63±0.32c	6.13±1.44bc	2.30±0.43b	24.87±6.05ab	2.66±0.82b	31.21±7.95b	3.65±0.66ab
A3B1	1.01±0.16bc	2.51±0.30bc	5.13±0.31c	3.20±1.25b	18.51±2.56bc	2.88±0.42b	32.69±2.75b	3.56±0.28ab
A3B2	0.90±0.12c	1.85±0.61bc	4.56±1.82c	2.22±1.38b	15.42±4.77bc	2.43±0.30b	24.85±5.89c	3.23±0.50ab
A3B3	1.14±0.08bc	2.39±0.48bc	5.97±0.28bc	2.73±1.28b	19.60±2.40c	3.20±1.31b	31.68±4.32b	3.55±0.75ab
对照1	2.21±0.54a	4.07±1.31a	10.12±3.21a	4.30±1.60a	29.21±9.46a	4.56±1.10a	49.90±6.41a	4.48±1.28a
对照2	0.52±0.05c	1.59±0.68c	3.50±0.49c	2.33±0.44b	11.08±2.26b	2.46±0.41b	22.35±8.72c	2.90±0.69b
P（A）	0.375	0.002	0.001	0.032	0.004	0.265	0.001	0.541
P（B）	0.521	0.426	0.981	0.225	0.066	0.003	0.028	0.043
P（A×B）	0.230	0.152	0.226	0.226	0.096	0.030	0.337	0.342

注：同列不同小写字母表示处理间差异显著（$P < 0.05$）。

2.7 不同涂抹叶位和菜籽油用量处理对腋芽干/鲜重的影响

由表2-31可知，A因素（菜籽油用量）对腋芽干鲜重有显著影响，B因素（涂抹叶位）以及两者之间的交互作用对腋芽干鲜重无明显影响。在鲜重方面，对照1的腋芽最重，显著大于A2B2、A3B2和对照2，与其他处理之间差异不显著，当涂抹叶位一致时，腋芽鲜重随着菜籽油用量的增加呈递减的趋势；当菜籽油用量一致时，腋芽鲜重随涂抹叶位的增加呈先减小后增大的趋势。在干重方面，对照1的腋芽最重，显著大于A2B2、A3B2和对照2，与其他处理之间差异不显著，当涂抹叶位一致时，腋芽干重随着菜籽油用量的增加呈递减的趋势；当菜籽油用量一致时，腋芽干重随着涂抹叶位的增加呈先减后增的趋势，通过处理与对照1和对照2的对比可以得出A2B2和A3B2的烟株抑芽效果较好。

表2-31 不同处理对腋芽单株干/鲜重的影响

处理	芽鲜重（g）	芽干重（g）
A1B1	546.28±56.05ab	129.59±10.52ab
A1B2	527.72±94.36ab	114.45±33.02ab
A1B3	558.14±123.59ab	130.26±36.18a
A2B1	484.97±37.82ab	105.54±6.27ab
A2B2	344.28±189.09b	91.35±22.84b
A2B3	543.22±256.99ab	124.53±37.18ab
A3B1	455.73±109.66ab	102.16±13.93ab
A3B2	334.71±78.03b	90.94±15.68b
A3B3	538.10±94.92ab	123.85±39.20ab
对照1	678.41±75.36a	138.41±16.54a
对照2	270.00±26.45b	77.66±11.23b
P（A）	0.003	0.002
P（B）	0.124	0.552
P（A×B）	0.920	0.546

注：同列不同小写字母表示处理间差异显著（$P<0.05$）。

3 结论

不同菜籽油用量和涂抹叶位对烟株生育期、株高、茎围、叶片数等主要农艺性状无明显影响；随着菜籽油用量和涂抹叶位的增加，顶部第1、第2、第3片叶的长和宽呈先增后减的趋势，烟碱和总氮含量呈先增后减的趋势；当菜籽油用量一致时，烟叶产值随着涂抹叶位的增加呈先增后减的趋势，腋芽长度和个数随着涂抹叶位的增加均呈递减的趋势；当涂抹叶位一定时，腋芽长度随着菜籽油用量的增长呈先减后增的趋势，腋芽个数随着菜籽油用量的增长呈先减后增的趋势。总体而言，菜籽油用量为4 mL/株或6 mL/株涂抹自顶叶往下的5个叶位抑芽效果最好。因此，采用菜籽油可替代化学抑芽剂抑芽，减少化学抑芽剂普遍使用引起的农残，提高烟叶生态安全。

第三章

宜宾市生态烟叶病虫害防治技术

第一节　宜宾市烟区主要病害及其绿色防治技术

1　农业防治

农业防治是根据有害生物、作物、环境条件三者之间的关系，结合整个农业操作中的一系列农业技术措施，有目的地改变某些环境条件，使之不利于有害生物的发生发展，而有利于农作物的生长发育，或直接消灭、减少有害生物源，达到防治有害生物、保护农作物生长及增产的目的。具体做法如下。一是选择抗病抗逆性及优质适产的烤烟品种，如云烟87等，培育健壮无病无毒的壮苗。二是科学整地，做好轮作及作物的合理布局。对于冬闲地，要及时翻犁炕冬和春耕，清除杂草，可杀死一些在土壤中越冬的病原菌，减轻病害的发生。轮作是防治烟草病害的主要措施之一，对于防治土传病害（如黑胫病、青枯病、根结线虫病）有不可替代的效果，对于普通花叶病亦有明显的防效。一般要求与禾本科作物轮作，特别是水旱轮作能有效降低病害的发生，不可与茄科作物及蔬菜轮作。作物的合理布局可减少病害的为害。一般来说，同科作物的病害种类基本相同，如果邻作或间套作，害虫相互转移，为害即增大。如烤烟与茄子、马铃薯等相邻种植，可能导致病害交叉感染。三是强化大田管理，提高烟株综合抗性。合理设定种植密度，注意氮、磷、钾配比施用，这对预防白粉病、气候斑点病等效果显著。及时中耕除草，保持田间卫生，是减少病害的有效措施之一。有普通花叶病发生的地块，在进行各项田间操作时，应做到先健株后病株，特别是在打顶抹芽操作过程中容易导致病害交叉传播，先打健株后再打病株可有效防止普通花叶病、空茎病等病害蔓延。在农事操作中所产生的脚叶、烟花、烟杈等必须带出烟田集中处理。

2　苗期主要病害防治

2.1　猝倒病

综合防治：苗床地选在地势较高、排水良好的地方，苗床发现病苗及时清除，防止病害蔓延。

药剂防治：烟苗大十字期后，可喷施 1∶1∶（150~180）波尔多液进行预防，每 7~10 d 喷施 1 次。

2.2 炭疽病

综合防治：加强揭膜通风，降低湿度，提早间苗，清除杂草。

药剂防治：播种前对苗池及漂盘进行消毒。大十字期用 1∶1∶200 的波尔多液预防。

2.3 病毒病

综合防治：苗床管理应做到净水净肥，所用育苗物资及操作人员等必须严格进行消毒处理。苗床发现病苗，则整厢烟苗进行销毁处理。

药剂防治：用氨基寡糖素等生物制剂防治，每 7~10 d 喷 1 次，连续喷 3~4 次，能增强烟株抗病能力，预防病毒病发生。剪叶前 1~2 d 施药效果较好。

3 大田期主要病害防治

3.1 真菌性病害

3.1.1 黑胫病、根黑腐病

综合防治：实行轮作，适时早栽使烟株提早进入抗病期，雨季来临前高起垄、深挖沟，保证排水良好，降低烟田湿度。

药剂防治：百抗芽孢杆菌可湿性粉剂 1 875 g/hm²，移栽时灌根，每株用药液 40 mL，团棵期和旺长期分别灌根 1 次；或 AR03 芽孢杆菌颗粒剂 4 g/株，移栽时施用。若田间气候条件利于黑胫病或根黑腐病发病，或烟田初现黑胫病或根黑腐病病株，使用上述药剂，连续使用 3 次，每次间隔 7~10 d。

3.1.2 赤星病

综合防治：早栽早烤，早打脚叶，适时采收。适当增施钾肥，控制氮肥用量，加强田间管理，提高烟株抗病能力，实行轮作。

药剂防治：10% 多抗霉素 800 倍液喷雾。在打顶后对烟株（特别是中、下部叶片）进行均匀喷雾，每 5~7 d 喷 1 次，连喷 2~3 次即可控制赤星病流行。

3.1.3 白粉病

综合防治：注意田间卫生，及时清除残叶。适时早栽，及时采烤。烟地深沟高垄、早打脚叶，利于通风透气、减少病源。合理施肥特别是氮、磷、钾的施用比例，控制氮肥的用量。

药剂防治：大田零星发现白粉病时，喷施 0.5% 卫保水剂、波尔多液等进行预防。

3.2 病毒性病害

3.2.1 综合防治

选用无病毒的地块育苗，播种前对种子消毒。合理轮作，早播早栽，发现病苗及时清除，移栽后及时追肥、培土、灌溉，提高烟株的抗病性。团棵期、旺长期各喷 1 次 1% 钾矿粉和磷矿粉浸提液，提高烟株营养抗性。注意田间卫生，田间操作时严禁吸烟，打顶抹杈时应先健株后病株，烟叶采收完后将秸秆、烟根及时清除。条件允许，可采取黄板诱蚜、蚜茧蜂、七星瓢虫等物理、生物防治措施，控制蚜虫数量，减少蚜传病毒病的为害。

3.2.2　药剂防治

移栽后3 d用0.5%氨基寡聚糖水剂500倍液，每7 d喷雾1次，连续喷3~4次。或用武夷霉素每隔7 d喷雾1次。同时用0.5%苦参碱水剂800倍液防治烟蚜。

3.2.3　0.5%氨基寡糖素水剂防治烟草病毒病研究

3.2.3.1　材料与方法

（1）**试验地点**　试验在珙县王家镇进行，试验地土壤pH 6.18，有机质含量3.25%，烟苗移栽时间为4月20日，烟田管理按照宜宾优质烤烟生产技术管理方案进行。

（2）**供试材料**　供试药剂：0.5%氨基寡糖素水剂（河北奥德植保药业有限公司）；8%宁南霉素水剂（德强生物股份有限公司）。供试烤烟品种：云烟87。

（3）**试验设计**　试验设0.5%氨基寡糖素水剂400倍液、500倍液、600倍液3个浓度，以8%宁南霉素水剂1 200倍液为对照药剂，清水为空白对照（CK）。每小区25~30 m^2，随机区组排列，每个处理重复3次。喷液量以药液在叶面饱和无下滴为限。施药时间为移栽成活后第一次用药，以后每隔7 d用药1次，连续用药3次，每次用药后开始调查，共调查4次。每小区5点取样，每点定株调查10株所有叶片，计算病情指数、防治效果，对最后一次防效进行统计分析。

3.2.3.2　结果与分析

从表3-1中可以看出，0.5%氨基寡糖素各处理和8%宁南霉素对烟草病毒病都有控制作用。0.5%氨基寡糖素400倍液、500倍液、600倍液及8%宁南霉素1 200倍液第一次药后7 d防效分别为66.90%、62.80%、55.50%和60.40%；第二次药后7 d防效分别为72.50%、69.30%、58.50%和65.10%；第三次药后7 d防效分别为77.90%、72.40%、62.50%和70.70%；0.5%氨基寡糖素400倍液和500倍液的效果最好。

表3-1　防治效果比较

药剂名称	处理	调查株数	第一次药前		第一次药后7 d		第二次药后7 d		第三次药后7 d	
			发病率（%）	病情指数	病情指数	防效（%）	病情指数	防效（%）	病情指数	防效（%）
0.5%氨基寡糖素	400倍液	150	11.90	1.81	4.24	66.90	8.27	72.50	13.50	77.90a
	500倍液	150	11.90	1.74	4.58	62.80	8.89	69.30	16.20	72.40b
	600倍液	150	12.50	1.94	6.11	55.50	13.40	58.50	24.60	62.50d
8%宁南霉素	1 200倍液	150	11.30	1.72	4.87	60.40	10.10	65.10	17.20	70.70c
CK	清水	150	12.50	1.81	12.80		30.10		61.00	

注：同列不同小写字母表示各处理间差异显著（$P<0.05$）。

对最后一次施药后7 d防效进行方差分析，结果表明：各处理间差异均达显著水平。

对烟草生长的影响。在试验过程中发现，施用 0.5%氨基寡糖素水剂后，能促进烟苗植株正常发育，叶色浓绿，叶肉增厚，产量增加，试验过程无药害现象发生。

3.2.3.3 结论

本试验表明，0.5%氨基寡糖素水剂可用于防治烟草病毒病，推荐使用浓度为 400~500 倍液，施药方法为发病前或发病初期连续喷雾 3~4 次，施药间隔 7 d。使用 0.5%氨基寡糖素不但可以控制病毒病为害，对烟草生长还有促进作用。0.5%氨基寡糖素作为一种糖类生物农药有对非靶标生物毒性低、影响小，在环境中易分解、无残留，对环境和生态平衡无不良影响的特点，同时还有用量低、安全性好的特点，是一种对烟草病毒病具有良好防效的生物诱抗剂，可在烟叶生产中推广应用。

3.3 细菌性病害

3.3.1 综合防治

合理轮作，壮苗移栽。注意田间卫生，施用腐熟的农家肥，及时铲除田间的病株并集中深埋处理，不要随意丢弃，避免造成新的污染。加强田间管理，多雨季节或地区要高起垄、高培土，做到田间无积水。合理施肥，适当增施锌和硼肥，提高烟株的抗病能力。另增施生石灰，以 3 000 kg/hm² 施用，调节土壤 pH 值，对青枯病有较好的防效。

3.3.2 枯草芽孢杆菌对烟草青枯病菌的防治研究

3.3.2.1 材料和方法

（1）试验地点　试验在兴文县大坝苗族乡沙坝村科技示范园进行。

供试菌株：烟草青枯病病菌（烟草青枯病菌自宜宾市烟区烟株病茎分离纯化后获得）。

拮抗菌株：B-16-1（枯草芽孢杆菌）、P-3-2（荧光假单胞杆菌）由四川省农业科学院植物保护研究所从四川各地采集的烟草根围土壤中分离获得，并且经平板拮抗试验和温室盆栽试验证明其对烟草青枯病病菌有较好的拮抗作用。

（2）拮抗作用测定　将待测菌 B-16-1 和 P-3-2 分别在 NA 和 KB 培养基上扩大培养、复壮 3 次，挑选菌落保存作为待测菌分别在 NA 和 KB 平板上扩大培养 48 h 后，点接在平板中心，每株菌重复 3 次，然后将烟草青枯菌菌悬液喷在接有待测菌的平板上。28 ℃恒温条件下培养 48 h 后，测量抑菌圈直径的大小。

（3）室内盆栽试验　选择生长大小相同、苗龄 40 d 的烟苗（云烟 87），移栽、缓苗 10 d 后，采用灌根接种法，将配制好的两种拮抗菌 B-16-1 和 P-3-2 悬浮液（6×10^8 CFU/mL），按照每株 10 mL 的标准均匀接种在烟苗根部营养土中。2 d 后，灌根接种烟草青枯病原菌（6×10^8 CFU/mL），并分别设只接种烟草青枯病菌和清水的对照组，每个处理设 5 次重复，每重复 5 株烟苗。然后在 25 ℃温室条件下继续培养，并不断浇适量清水保湿，以利于发病，统计各处理的发病率、病情指数及相对防效，结果用 DPS 进行统计分析。

（4）田间试验　试验地点在兴文县大坝苗族乡沙坝村科技示范园，设 3 个处理、1 个对照。处理 1，施用荧光假单胞杆菌 P-3-2（100 mL/株，1×10^9 CFU/mL）；处理 2，施用枯草芽孢杆菌 B-16-1（100 mL/株，1×10^9 CFU/mL）；处理 3，施用农用链霉素，每株施 100 mL；对照，不施药。每个处理 3 次重复，2013 年 4 月 19 日移栽，每小区 5

行，栽烟 30 株，行株距为 110 cm×60 cm，施肥量及田管措施按照宜宾市优质烤烟生产技术管理方案进行。处理 1、处理 2 于移栽时将药剂直接施于根周围，移栽后 7 d 再灌根 1 次；处理 3 于移栽后 4 d 浇施第 1 次，移栽后 14 d 浇施第 2 次。移栽后 16 d 接烟草青枯病病菌，每株 100 mL，$1×10^9$CFU，接种后灌水 0.5 kg 保持土壤湿润。分别于移栽后 10 d 开始病情调查，间隔 5 d 调查 1 次。病害分级标准按国家标准 GB/T 23222—2008 规定执行，病情分级标准如下：

0 级，全株无病；

1 级，茎部偶有褪绿斑，或病侧 1/2 以下叶片凋萎；

3 级，茎部有黑色条斑，但不超过茎高 1/2，或病侧 1/2~2/3 叶片凋萎；

5 级，茎部黑色条斑超过茎高 1/2，但未达茎顶部，或病侧 2/3 以上叶片凋萎；

7 级，茎部黑色条斑到达茎顶部，或病株叶片全部凋萎；

9 级，病株基本枯死。

病情指数和相对防效计算如下：

病情指数（%）= ∑（各级病株数×该病级值）/（调查总株数×最高级值）×100

$$(3-1)$$

相对防效（%）=（对照病情指数−处理病情指数）/对照病情指数×100　　(3-2)

3.3.2.2　结果与分析

（1）拮抗作用测定　待测菌 B-16-1 和 P-3-2 均可产生抑菌圈，抑制青枯病菌菌丝的生长，其中 B-16-1 抑菌圈直径达到 34.00 mm，P-3-2 的抑菌圈直径为 27.5 mm。

（2）室内盆栽试验　从盆栽试验结果看，B-16-1 和 P-3-2 对青枯病菌的防效均较高，处理后病情指数分别为 10.3 和 8.9，与对照相比，相对防效为 83.8% 和 83.6%。从病情指数的统计分析结果看，施用 B-16-1 和 P-3-2 的处理病情指数显著低于对照（表 3-2）。

表 3-2　枯草芽孢杆菌对烟草青枯病病情指数统计分析结果

处理	病情指数						显著性差异[a]	
	重复 1	重复 2	重复 3	重复 4	重复 5	平均值	0.05 水平	0.01 水平
对照	75.0	64.0	52.0	60.0	66.0	63.4	a	A
B-16-1	5.3	8.0	21.0	12.0	5.0	10.3	b	B
P-3-2	0.0	4.0	10.6	8.5	21.4	8.9	b	B

注：a 不同字母表示各处理在该水平差异显著。

（3）田间试验结果　从表 3-3 可知，随着时间的推移，各处理的相对防效逐渐降低，并且各处理均能推迟发病。在接病原菌 10 d 时，各处理未发病，而对照已发病；在接病原菌后 15 d，各处理开始发病，但相对防效均可达 80% 以上，处理 2 与处理 1、处理 3 的相对防效有显著性差异，处理 1 和处理 3 之间无显著性差异；在接病原菌后 25 d，处理 1 和处理 2 的相对防效分别为 53.4% 和 58.8%，处理 3 的相对防效下降很快，仅有 39.5%；到发病后期，处理 2 的相对防效最高，达 50.4%，处理 1 其次，达

42.9%，处理 3 仅有 31.9%。

表 3-3　田间试验结果

处理	接病菌后 10 d		接病菌后 15 d		接病菌后 20 d		接病菌后 25 d		接病菌后 30 d	
	病情指数	防效（％）	病情指数	防效（％）	病情指数	防效（％）	病情指数	防效（％）	病情指数	防效（％）
处理 1	0.0	100.0	8.7b	84.1b	23.0b	67.0b	37.0b	53.4b	45.3c	42.9b
处理 2	0.0	100.0	6.0b	89.0a	21.3c	68.3a	32.7d	58.8a	39.3d	50.4a
处理 3	0.0	100.0	8.0b	85.4b	24.7b	63.4c	48.0b	39.5c	54.0b	31.9c
对照	24.8	—	54.7a	—	67.3a	—	79.3a	—	79.3a	—

注：同列不同小写字母表示各处理间差异显著（$P<0.05$）。

3.3.2.3　结论

在拮抗作用上，B-16-1（枯草芽孢杆菌）和 P-3-2（荧光假单胞杆菌）均能有效抑制青枯病病菌的生长，生长竞争力强。

室内盆栽试验和田间试验结果证明，B-16-1 和 P-3-2 对烟草青枯病菌表现出较好的生防效果。在室内对烟草青枯病的相对防效（与对照相比）分别为 83.8% 和 83.6%；而在田间试验其防效分别为 42.9% 和 50.4%，较施用农用链霉素防治效果更加显著。P-3-2（荧光假单胞杆菌）在田间表现较为突出，可进行进一步生产示范。

3.4　线虫病害

药剂防治：有根结线虫病史的烟田，移栽时或初现病情时，采用 1.8% 阿维菌素乳油 450 g/hm² 灌根。

第二节　宜宾市烟区主要虫害及其绿色防治技术

1　宜宾烟田主要害虫分析

烟草是宜宾市重要农作物之一。目前在烟草病虫害防治上还存在对象不清、病虫害发生流行规律不明等问题，导致有时采取不合理的病虫害防治方法进而造成农药残留、有害生物抗药性增强等问题，对烟叶产质量和可持续发展造成不利影响。因此，对宜宾市烟草害虫种类及发生规律进行调查研究，可为当地烟草害虫防治和烟叶无公害生产提供基础数据和科学防治依据。通过调查掌握烟草害虫的主要种类及其发生规律，抓住宜宾市烟区病虫害防治的主要对象和防治时期，提高效率、节约成本和减少污染，从而减轻烟草因害虫为害所造成的损失，同时保护烟田害虫天敌，减少化学农药使用，改善烟田生态环境。

1.1　材料与方法

烤烟品种：云烟 87、云烟 97。

杀虫灯：RJT-D/T 型太阳能频振式杀虫灯（四川瑞金特科技有限公司）。

黄板：25 cm×20 cm（成都比昂科技有限公司）。

方法：采用诱虫灯收集、黄板诱虫和田间调查相结合的方法进行调查。

诱虫灯收集：在宜宾珙县和兴文县生态烟叶生产区，于 5—8 月布 RJT-D/T 型太阳能频振式杀虫灯，每日 18：00 开灯，次日 6：00 关灯，关灯后收集捕虫袋内的昆虫，进行数量与种类统计。

黄板诱虫：田间按不同方位每 20 m×20 m 布放 1 张，每 15 d 更换 1 次，将换下的黄板带回实验室，取下标本或显微镜下直接鉴定种类，记录数量。

田间调查：采取踏查、网捕、定点调查相结合的方法，7~15 d 调查 1 次，记录害虫种类。将采集到的鳞翅目昆虫用手挤压其前胸破坏飞行肌后，用三角纸装好，其他昆虫直接置于毒瓶或 75% 的酒精内，对采集到的昆虫标本进行初步的分类、整理，进行种类鉴定。

1.2　结果与分析

对宜宾市珙县和兴文县烟田害虫进行调查，调查结果见表 3-4。调查发现害虫 48 种，分属于节肢动物门和软体动物门中的 8 目 23 科，其中烟田主要害虫有烟蚜、烟青虫、小地老虎、棉铃虫、斜纹夜蛾、烟蓟马等。

表 3-4　烟草害虫种类

目	科	种类	目	科	种类
同翅目	蚜科	烟蚜	鳞翅目	夜蛾科	黄地老虎
	叶蝉科	小绿叶蝉			大地老虎
	粉虱科	烟粉虱			小地老虎
		温室白粉虱			八字地老虎
半翅目	蝽科	稻绿蝽			烟夜蛾
		斑须蝽			棉铃实夜蛾
	盲蝽科	烟盲蝽			甘蓝夜蛾
	缘蝽科	稻棘绿蝽			斜纹夜蛾
鞘翅目	叩头虫科	棘胸叩头虫			银纹夜蛾
	丽金龟科	铜绿丽金龟			苜蓿夜蛾
		大绿丽金龟		尺蛾科	大造桥虫
		草绿丽金龟		卷蛾科	丽黄卷蛾
		中华丽金龟			棉褐带卷蛾
	鳃金龟科	暗黑鳃金龟		麦蛾科	烟蛀茎蛾
		铝灰鳃金龟			烟草潜叶蛾
		四川大黑鳃金龟		灯蛾科	人纹污灯蛾
	象甲科	大灰象甲			八点灰灯蛾
	叶甲科	黄曲条跳甲			红绿灯蛾

（续表）

目	科	种类	目	科	种类
直翅目	蟋蟀科	油葫芦等3种	缨翅目	蓟马科	烟蓟马
	蝗科	剑角蝗			花蓟马
		短额负蝗	软体动物门腹足纲柄眼目	巴蜗牛科	灰巴蜗牛
		中华稻蝗			同型巴蜗牛
	蝼蛄科	东方蝼蛄		野蛞蝓科	野蛞蝓
双翅目	潜蝇科	南美斑潜蝇			黄蛞蝓

另外，调查中还发现害虫的天敌比较丰富，寄生性天敌主要有烟蚜茧蜂、菜蚜茧蜂、黍蚜茧蜂和桃瘤蚜茧蜂等，捕食性天敌主要为蜘蛛类、瓢虫类（主要是七星瓢虫和异色瓢虫）、食蚜蝇、步甲、隐翅虫和猎蝽等。

根据烟田主要害虫种类选择杀虫灯对烟夜蛾、棉铃虫和斜纹夜蛾等有趋光性的害虫进行控制，选择黄板对烟蚜等有趋黄性的害虫进行控制。

灯下诱虫结果表明，烟草主要害虫有烟夜蛾、斜纹夜蛾、小地老虎等。另外，还有夜蛾科、灯蛾科、卷蛾科、麦蛾科、蟋蟀科、叶甲科、尺蛾科、蝼蛄科、飞虱科、叶蝉科和金龟子科等害虫共计4 852头，与烟草没有明确益害关系的中性昆虫6 438头，以及膜翅目、双翅目、半翅目和鞘翅目天敌（主要是隐翅虫）51头，有明确益害关系的益害比为1∶95.14。从灯下诱虫结果可以看出，杀虫灯对害虫的杀伤远远高于对天敌的影响，能够较好地控制烟田害虫。

黄板诱虫结果表明，平均每张黄板诱到害虫（主要是蚜虫、斑潜蝇和粉虱等）435.43头，天敌昆虫主要是膜翅目和双翅目种类23.5头，益害比为1∶18.53。从诱到昆虫的益害比可以看出，黄板诱杀对天敌杀伤较大，在黄板使用时间和使用方式上有待进一步研究，只有科学地使用黄板才可能起到较好的效果。

1.3 结论

根据调查结果，宜宾市烟区的主要害虫为烟蚜、小地老虎、烟青虫（即烟夜蛾幼虫）和斜纹夜蛾等。灯下诱虫结果显示，捕获的昆虫中鳞翅目和鞘翅目种类最多。在调查到的昆虫中一些种类如小绿叶蝉、金龟子类和蝗虫等一般是多食性昆虫，虽然也为害烟草，但发生量较少，可不作为重点防治对象。

另外，烟草害虫在田间发生明显随时间波动，根据调查和观察，烟草苗床注意防治有害软体动物、小地老虎等，移栽返苗期和团棵期以防治小地老虎、烟蚜为主，旺长期主要防治烟青虫、斜纹夜蛾、烟粉虱等。

在物理机械防治方面，杀虫灯可以起到较好的效果，特别是对几种鳞翅目害虫以及鞘翅目金龟子效果明显，而且对天敌比较安全。黄板也能起到一定的效果，特别是对烟蚜防治，但在使用方法和时机上有待改进，避免对中性昆虫甚至是天敌的杀伤。

2　烟田节肢动物群落研究

农田系统中节肢动物群落时间格局大多数以群落特征值的时序变化来表征，常用的特征值包括物种丰富度、多样性指数、生态优势度和均匀度等。

在烟田生态系统中，种类繁多、习性各异的害虫、天敌及中性昆虫构成了一个具有独特属性的生物群落系统，其结构在时间和空间上差异显著。为了持续稳定地控制害虫种群，通过田间系统调查研究，剖析烟田昆虫种群结构动态，阐明群落中优势种群的变动规律，旨在为烟田害虫综合治理提供理论依据。

2.1　调查方法

烟草生长期间，从5月开始至要收获前结束，每15 d调查1次。植株顶层，离地面80 cm处，在每小区的中间位置用捕虫网随机扫网30次（来回为1次）；在植株层，各小区采用5点取样法，用盘拍法，每点调查3棵植株；在土壤层，采用分行式，每小区分2行放置10个塑料诱捕杯（每行5个），杯口径6.5 cm，深约20 cm，杯口与土壤面平齐；标本除鳞翅目外，皆用75%的酒精分别保存，带回室内鉴定统计。

2.2　分类鉴定

将调查的节肢动物分为植食性、捕食性、寄生性、中性昆虫、蜘蛛和其他节肢动物，再鉴定到科、属、种。个体较小的昆虫和植食性螨类除外。

2.3　结果与分析

2.3.1　烟田节肢动物群落组成

在烟叶一个生长季节中，共采得节肢动物2纲12目63科85种。在63科中，双翅目、鞘翅目、膜翅目和同翅目分别有28科、8科、8科、5科；4个目中，节肢动物数量占所有目节肢动物数量的77.78%，其中双翅目、鞘翅目、同翅目分别占90.90%、3.76%、2.44%。烟蚜的相对优势度为0.810，构成了群落的主要组成部分。

2.3.2　烟田节肢动物群落结构时序变化规律

捕食性昆虫8科11种，植食性昆虫28科36种，寄生性昆虫9科11种，中性22科27种。5月末，随着烟草的逐渐生长，植食性昆虫增加，捕食性昆虫也随之增加；6月以后，呈现此消彼长的趋势；中性昆虫作为补充食源，其变化与捕食性昆虫变化呈此消彼长的趋势；寄生性昆虫有6月升高、7月初下降的趋势，由于寄主主要是蚜虫，所以跟蚜虫的变化规律相似。

3　烟蚜的防治

烟蚜是田间常见害虫之一，它取食烟株汁液，使烟株生长缓慢、品质下降。此外，烟蚜还能传播多种病毒病，造成严重损失。近年来，国家、社会高度重视食品安全问题，对于烟蚜的生物、物理防治技术研究进展迅速，黄板、蓝板、烟蚜茧蜂、生物农药等各类防治技术已经逐步成熟，并开始在生产上大面推广应用。防治方法如下：可采用5%苦参碱水剂800倍液等生物制剂防治；黄板诱杀有翅成蚜，40片/667 m²，在烟田尚未出现有翅蚜时插入，高度比烟株高出5~10 cm为宜；采用太阳能杀虫灯捕杀，每 667 m² 烟田安装 1 个太阳能杀虫灯；推广中华草蛉和烟蚜茧蜂防治烟蚜生物防治技术。

3.1 中华草蛉捕食烟蚜的功能反应研究

烟蚜是烟叶的主要害虫之一，除直接为害烟叶吸食汁液，还能传播病毒病，给烟叶生产带来严重威胁。生物防治是生态烟叶生产过程中烟蚜防治的重要措施，而保护和利用天敌是其中重要的组成部分。中华草蛉是烟蚜重要的天敌昆虫之一，能够有效地控制烟蚜，它由于食量大、分布广、数量多而深受国内外生防工作者的重视。虽然中华草蛉防治害虫的捕食能力已有许多报道，但其对烟蚜的捕食作用报道很少。基于这种现状，探讨了中华草蛉捕食烟蚜的功能反应，以期为中华草蛉作为天敌防治烟蚜提供理论依据，同时也为四川省烟蚜生物防治提供理论支撑。

3.1.1 材料与方法

供试虫源：烟蚜和中华草蛉采自四川农业大学农场烟叶试验田。草蛉从田间采回后在室内进行产卵饲养，通过对蜕皮次数的观察，得到 1 龄、2 龄、3 龄幼虫及成虫。

试验方法如下。

中华草蛉成虫对烟蚜的捕食作用：试验在 25 ℃恒温光照培养箱内进行，相对湿度为 70%，光照时间 14 h。将中华草蛉保存在 4~5 ℃冷藏箱内，饥饿处理 24 h。在直径为 25 cm 的大烧杯放入新鲜烟叶叶片，并用脱脂棉球保湿，接入大小一致的烟蚜，密度设置为 50 头、100 头、150 头、200 头、250 头、300 头，每杯引入中华草蛉 1 头，各处理设 4 次重复，并设相应对照组，24 h 后观察、记载各大烧杯中剩余的蚜量。测定中华草蛉的日捕食量，并以对照组自然死亡蚜量校正，建立捕食功能反应模型。

中华草蛉幼虫对烟蚜的捕食作用：试验在 25 ℃恒温光照培养箱内进行，相对湿度为 70%，光照时间 14 h。蚜虫密度均设为 20 头、30 头、40 头、50 头、60 头、70 头，每一密度设 4 次重复，每个大烧杯引入经饥饿处理的中华草蛉幼虫 1 头，并设对照组，24 h 后观察、记载各培养皿中剩余的蚜量和自然死亡的蚜虫头数。测定天敌的日捕食量，并以对照组自然死亡率校正，建立捕食功能反应模型。

中华草蛉自身密度对捕食功能的影响：试验在 25 ℃恒温光照培养箱内进行，在 6 个直径为 25 cm 的干燥洁净培养皿中放入新鲜烟叶叶片数片，并用脱脂棉球保湿，接入中华草蛉，密度设置为 1 头/皿、2 头/皿、3 头/皿、4 头/皿、5 头/皿，每皿接入烟蚜 200 头，4 次重复，并设相应对照组。24 h 后观察、记载各培养皿中剩余的蚜量，测定不同天敌密度在相同猎物密度条件下的日捕食量，并以对照组自然死亡率进行校正。

内干扰对中华草蛉捕食率的影响：试验在 25 ℃恒温光照培养箱内进行，在 6 个直径为 25 cm 的干燥洁净培养皿中放入新鲜烟叶叶片数片，并用脱脂棉球保湿，以 50 头/皿、100 头/皿、150 头/皿、200 头/皿、250 头/皿烟蚜分别与 1 头/皿、2 头/皿、3 头/皿、4 头/皿、5 头/皿中华草蛉成虫组合，4 次重复，并设相应对照组。24 h 后观察各组合下中华草蛉捕食烟蚜的数量，并以对照组蚜虫自然死亡率进行校正，分析种内干扰对中华草蛉捕食率的影响。

数据处理：中华草蛉对不同密度烟蚜捕食量的关系采用 Holling II 圆盘方程进行模拟。

$$N_a = a' \cdot N_t \cdot T_t / （1 + a' \cdot N_t \cdot T_h） \tag{3-3}$$

式中，N_a 为捕食蚜量；a' 为攻击速率参数；T_h 为处置时间；T_t 为用于搜寻的总时间（试验为一昼夜，取 $T_t=1$）。

中华草蛉对自身密度的功能反应可用 Watt 模型拟合：

$$N_a = f(N_0 \cdot P) \tag{3-4}$$

式中，N_a 为受冲击猎物数量，是猎物密度（N_0）与天敌的函数，经变换后，

$$A = a \cdot P^{-b} \tag{3-5}$$

式中，a 代表每个天敌的攻击率；b 代表天敌的竞争参数。

内干扰对中华草蛉捕食率的影响可采用 Hasse Ⅱ 模型来描述。

$$E = Q \cdot P^{-m} \tag{3-6}$$

式中，E 为平均捕食率；P 为天敌密度；m 为干扰系数。

$$E = N_a/N_p = a = Q \cdot P^{-m} \tag{3-7}$$

将 P、E 代入回归式计算 Q 及 m，并对所建立方程进行检验。

3.1.2　结果与分析

3.1.2.1　中华草蛉成虫对烟蚜的捕食功能反应

试验结果见表3-5。随着烟蚜投放数量的增大，中华草蛉的捕食量也逐渐增加；当烟蚜增加到一定程度时，中华草蛉捕食量的增加速度减慢，随后又随着烟蚜的增加，中华草蛉捕食量又继续增加。其模型为 $N_a = 1.270\,3N/(1+0.004\,8N)$，当 $N \to \infty$ 时，每头中华草蛉在24 h内对烟蚜的最大捕食量为263头，捕食每头烟蚜的处置时间 $T_h = 0.787\,2$ d。经卡方适合性检验，$\chi^2 = 11.27$，小于 $\chi^2_{0.005}$（16.75）。拟合结果与实际结果相符合。总体来讲，中华草蛉成虫对烟蚜的捕食量呈现随烟蚜数量增加而增加的趋势，但随着蚜虫密度的增加，捕食量增长速度明显减慢，中华草蛉成虫捕食量与猎物密度间成密度制约关系。

表 3-5　中华草蛉成虫对烟蚜的捕食功能反应

中华草蛉成虫数量（头/皿）	投蚜量（头/皿）	捕食量（头）
1	50	46.25±4.93
1	100	91.00±7.58
1	150	130.25±7.75
1	200	137.00±7.25
1	250	152.00±5.00
1	300	177.25±8.25

3.1.2.2　中华草蛉幼虫对烟蚜的捕食功能反应

试验结果见表3-6。中华草蛉幼虫捕食量随着烟蚜投放数量的增加而增加，随后增加速度减缓。其1龄、2龄和3龄幼虫的捕食功能反应符合 Holling Ⅱ 圆盘方程，模型分别为 $N_a = 0.678\,8N/(1+0.039\,5N)$、$N_a = 0.995\,6N/(1+0.010\,4N)$ 和 $N_a = 0.674\,9N/(1+0.002\,84N)$。当 $N \to \infty$ 时，其1龄、2龄和3龄幼虫在24 h内对烟蚜的最大捕食量分别为 17.18头、95.15头 和 238.10头，捕食每头烟蚜的处置时间分别为 0.058\,2 d、0.010\,4 d 和 0.004\,2 d。经卡方适合性检验，χ^2 值分别为 4.40、13.49 和 12.44，均小于 $\chi^2_{0.005}$（16.75）。拟合结果与实际结果相符合。中华草蛉幼虫捕食量与猎

物密度间功能反应曲线为渐进线。

表3-6 中华草蛉幼虫对烟蚜的捕食功能反应

中华草蛉幼虫数量（头/皿）	投蚜量（头/皿）	捕食量（头）		
		1龄	2龄	3龄
1	20	10.00±1.25	12.00±3.00	18.50±1.50
1	30	12.00±2.00	14.75±4.25	22.50±5.50
1	40	12.50±2.50	19.25±1.75	26.00±6.00
1	50	14.50±3.50	23.50±1.05	31.50±3.50
1	60	15.25±2.75	28.50±2.50	47.50±0.50
1	70	15.75±3.25	31.25±4.25	52.00±2.00

3.1.3 结论

中华草蛉成虫对烟蚜的捕食量呈现随烟蚜数量的增加而增加的趋势，但随着蚜虫密度的增加，捕食量增长速度明显减慢，中华草蛉成虫捕食量与猎物密度间成密度制约关系。

捕食者-猎物功能反应在一定程度上能够反映捕食者对猎物的捕食效应。本试验中，中华草蛉幼虫的食量大，而且食量随着龄次的增加而增大，中华草蛉1龄、2龄、3龄幼虫日最大捕食量分别达到17.18头、96.15头、238.10头，在田间对控制蚜虫种群数量有明显效果，是利用价值很高的天敌昆虫。

3.2 烟蚜绿色立体防控模式研究与应用

3.2.1 材料与方法

3.2.1.1 供试材料

供试烟叶品种为K326；供试烟蚜为本地品种，采取人工捕捉方式获得；供试烟蚜茧蜂从云南省玉溪市烟草技术中心马乔基地引进，经宜宾有害生物天敌昆虫繁育中心繁育提纯；诱蚜植物为万寿菊和大花品种向日葵。

烟蚜茧蜂：在繁蜂小棚用花盆培育烟株并按照30头/株的标准接蚜，当单株烟蚜超过3 000头/株时，按雌蜂：烟蚜=1：100的比例将烟蚜茧蜂放飞在温室小棚中，任其自然寻找烟蚜寄生进行放蜂，经过7~10 d形成大量僵蚜。

诱蚜植物的培养：用小温棚培育菊花苗和向日葵苗，以备移栽。

3.2.1.2 田间防效试验设计

试验设放蜂田（处理Ⅰ）、施药田（处理Ⅱ）、黄板+放蜂+诱蚜田（处理Ⅲ）、对照不施药田（处理Ⅳ）共4个处理，每个处理设3个重复。处理Ⅰ的田块在烟蚜迁飞后10~15 d按照15 000头/hm²的标准进行田间放蜂，放蜂分3次进行，每次放蜂5 000头/hm²，其间间隔5 d；处理Ⅱ在烟株蚜量达20~30头/株时，使用5%吡虫啉乳油进行防治，用量为750 g/hm²，1 200倍液叶面喷施；处理Ⅲ在3月下旬至4月上旬在田块周围移栽向日葵、菊花，间隔5 m移栽1株；根据宜宾地区蚜虫的迁飞规律，在烟蚜第1次迁飞之前将黄板按照180张/hm²的标准悬挂于田块周围；于烟蚜首次迁飞后10~15 d移除黄板，按照处理1的方式进行放蜂；放蜂后移栽的向日葵、菊花基本进入花期，代替黄板承担诱蚜脱毒的作用。

3.2.1.3　取样方法

每个处理按 5 点取样法，每点取 5 株烟草进行调查，每次共计取样调查 25 株；调查统计每株烟叶上的烟蚜数量（死亡和存活），放蜂的处理需单独调查僵蚜数量。调查时间从放蜂后开始，每 7 d 调查 1 次。

3.2.1.4　数据统计分析

采用 Excel 2010 进行统计分析。

虫口减退率及防效计算公式为：

虫口减退率(%)=（处理前虫口数−处理后虫口数)/处理前虫口数×100　　　　(3-8)

相对防效(%)=（处理区虫口减退率−对照区虫口减退率)/(1−对照区虫口减退率)×100
　　　　　　　　　　　　　　　　　　　　　　　　　　　　　　　　(3-9)

3.2.2　结果与分析

3.2.2.1　不同时期黄板上烟蚜数量的变化动态

从图 3-1 可看出，黄板上烟蚜数量呈先升后降的变化趋势，5 月 8 日达到第 1 次高峰，之后急剧下降；证明有翅蚜迁飞期为 4 月底至 5 月初，即油菜的成熟收获期间，在迁飞之后出现无翅蚜为 15~20 d，因此将黄板于 4 月 20 日前挂放在田间，并于 5 月 15 日将黄板拆除，之后开始放蜂防治。

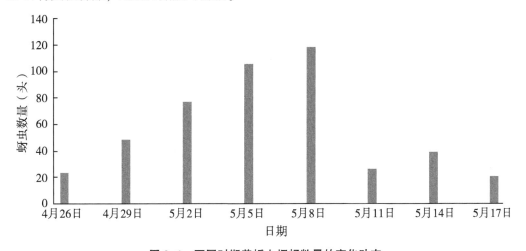

图 3-1　不同时期黄板上烟蚜数量的变化动态

3.2.2.2　蚜虫数量变化

从表 3-7、表 3-8 可以看出，放蜂田（处理Ⅰ）、施药田（处理Ⅱ）、黄板+放蜂+诱蚜田（处理Ⅲ）均能有效控制烟蚜的为害，施药处理显效快，但持续时间短，放蜂的两个处理显效慢，但持续时间长。黄板+放蜂+诱蚜处理烟株平均烟蚜数量较其他处理明显更低，初始蚜量仅为 12.1 头/株，高峰蚜量仅为 24.6 头/株，效果非常显著，通过调查发现，田边的诱蚜植物，5 月 25 日烟蚜量达 32.3 头/株，6 月 1 日达 53.6 头/株，而后开始下降，说明了诱蚜植物对烟蚜有很好的诱集效果，可在一定程度上减轻烟蚜为害烟株，但也会吸引更多的烟蚜。

表3-7　不同处理烟蚜数量变化　　　　　　单位：头/株

处理	5月11日	5月18日	5月25日	6月1日	6月8日	6月15日	6月22日
处理Ⅰ	21.0	38.5	46.2	48.4	50.5	35.6	23.7
处理Ⅱ	20.6	6.3	35.2	11.5	59.6	154.6	92.4
处理Ⅲ	12.1	16.7	22.6	24.6	19.2	13.3	11.8
处理Ⅳ	20.0	53.2	179.5	287.6	535.5	763.2	328.4

表3-8　不同处理虫口减退率　　　　　　单位：%

处理	5月18日	5月25日	6月1日	6月8日	6月15日	6月22日
处理Ⅰ	-83.33	-120.00	-130.48	-140.48	-69.52	-12.86
处理Ⅱ	69.42	-70.87	44.17	-189.32	-650.49	-348.54
处理Ⅲ	-38.02	-86.78	-103.31	-58.68	-9.92	2.48
处理Ⅳ	-166.00	-797.50	-1 338.00	-2 577.50	-3 716.00	-1 542.00

3.2.2.3　防治效果

从表3-9、图3-2中可知，施药处理能较快地产生较好的防效，但随时间变化逐渐降低。而两个放蜂处理随烟蚜茧蜂种群的增加，防治效果明显，在14～21 d可达80%以上，最高可达95.56%和97.12%。黄板+放蜂+诱蚜处理较只放蜂处理防效更为显著，尤其体现在防治前期。

表3-9　不同处理的田间防治效果变化　　　　　　单位：%

处理	5月11日	5月18日	5月25日	6月1日	6月8日	6月15日	6月22日
处理Ⅰ	0	31.08	75.49	83.97	91.02	95.56	93.13
处理Ⅱ	0	88.50	80.96	96.12	89.19	80.33	72.68
处理Ⅲ	0	48.11	79.19	85.86	94.07	97.12	94.06

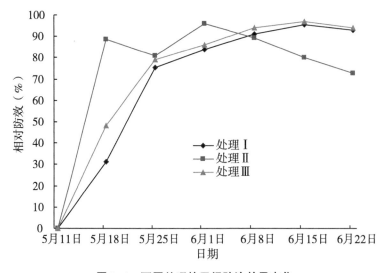

图3-2　不同处理的田间防治效果变化

3.2.2.4　病毒病发生情况

从表 3-10 可以看出，黄板+放蜂+诱蚜处理的病毒病发病率以及病情指数均最低，而只放蜂处理的病毒病发病率及病情指数略高于施药处理，表明黄板+诱蚜植物在病毒病控制方面效果比较显著。

表 3-10　不同处理的病毒病发生情况

处理	发病初期		发病末期	
	发病率（%）	病情指数	发病率（%）	病情指数
处理 I	1.30	0.92	7.25	2.95
处理 II	0.96	0.35	3.23	1.74
处理 III	0.57	0.27	2.30	1.49
处理 IV	8.57	3.87	25.59	8.74

3.2.3　结论

3.2.3.1　烟蚜立体防控模式

烟蚜按照形态类型可分为有翅蚜和无翅蚜，对其进行防治时，针对不同形态采用不同防治手段可达到更为明显的效果。针对有翅蚜的迁飞特性，选择黄板对其进行精准防治，并在放蜂后利用诱蚜植物替代黄板避免误杀；而针对无翅蚜的特性，选用寄生性天敌烟蚜茧蜂进行防治；结合两者建立黄板-诱蚜植物-烟蚜茧蜂的立体防控模式，达到了理想的防治效果。

3.2.3.2　黄板与诱蚜植物的使用

黄板是利用蚜虫成虫的趋黄性进行诱虫、杀虫的一种物理防治手段，在烟蚜迁飞高峰期之前悬挂，可有效防治烟蚜，降低烟蚜的虫口密度。但有关研究表明，黄板对烟蚜茧蜂同样有诱杀作用，因此在田间放蜂时应移除黄板，以避免造成误杀。诱蚜植物能够利用烟蚜的趋黄性和趋味性对烟蚜进行诱集，在放蜂后以诱蚜植物来替代黄板，虽然无法直接消灭迁飞的有翅蚜，但其对烟蚜的诱集作用，可在一定程度上减轻烟蚜对烟株的为害。

4　地老虎

地老虎为移栽期主要的害虫。防治方法：移栽后及时使用土地宝贝 2 000 倍液兑水灌根，在还苗期发现有缺苗、死苗时，采用人工捉虫的方法。

5　烟青虫

性信息素诱杀烟青虫：在烟青虫成虫迁入前期，即可将带有诱芯的烟青虫专用诱捕器放置于烟田间，放置密度为 15 套/hm²，放置高度约为 1.5 m。

生物制剂防治烟青虫：田间发生量大时可配合施用生物制剂进行防治，在幼虫 3 龄前选用 0.6% 苦参碱水剂 900 mL/hm² 进行喷雾。

第四章

宜宾市生态烟叶质量评价

1 材料与方法

1.1 材料

供试品种：K326。

1.2 试验设计

试验设1个对照和1个处理，对照为常规种植生产的烟叶，处理为按照《生态烟叶生产技术方案》生产的烟叶，病虫害防治采用农业防治、物理防治和生物防治，使用生物制剂土地宝贝防治小地老虎、苦参碱防治蚜虫和烟青虫、氨基寡糖防治病毒病、枯草芽孢杆菌防治黑胫病等。

1.3 试验方法

原烟外观质量评价：考察初烤烟叶的颜色、油分、身份等。

烟叶化学成分分析：使用 AA3 流动分析仪测定初烤烟叶的总糖、还原糖、总氮、烟碱、氯、钾含量等。

烟支感官质量评价：按照 GB 5606—2005 进行评吸评价。

农药残留检测：由通标标准技术服务（上海）有限公司采用气相色谱–质谱法和液相色谱法–串联质谱法进行检测。

1.4 数据处理

采用 Excel 2010 和 SPSS 23.0 进行数据的统计和分析。

2 结果与分析

2.1 烟叶外观质量比较

由表4-1可知，对照的成熟度、叶片结构、身份和油分都要好于处理，处理的色度好于对照。

表4-1 烟叶外观质量比较

处理	成熟度（10分）	叶片结构（10分）	身份（10分）	油分（10分）	色度（10分）	总分（50分）
对照	6.1	6.1	6.1	6.1	5.6	30.0
处理	5.6	5.6	5.6	5.6	6.1	28.5

2.2　烟叶的化学成分比较

由表4-2可知，处理的总糖和还原糖含量均高于对照；处理和对照的烟碱和总氮含量符合优质烟叶1.5%~3.5%的要求，处理的烟碱和总氮含量低于对照；对照和处理的钾含量均＞2%；优质烟叶的氯含量为0.1%~0.9%，氯含量过高会影响烟叶的燃烧性，然而氯含量过低烟叶又不能正常回潮，对照的氯含量低于0.1%，而处理的氯含量符合优质烟叶的要求；优质烟叶的钾氯比为4~10，处理的钾氯比符合要求，而对照的钾氯比远远超过10。

表4-2　烟叶的化学成分比较

处理	部位	总糖（%）	还原糖（%）	烟碱（%）	总氮（%）	钾（%）	氯（%）	糖碱比	钾氯比
对照	上部	25.24	21.05	3.15	2.17	2.07	0.07	8.02	29.59
	中部	26.51	20.09	3.11	1.85	2.54	0.09	8.54	28.97
	下部	25.87	21.50	2.90	1.66	2.67	0.08	8.92	34.83
处理	上部	28.83	22.36	2.45	1.69	2.11	0.23	11.75	9.31
	中部	30.23	21.72	2.12	1.68	2.44	0.28	14.24	8.65
	下部	26.99	23.12	1.84	1.52	2.79	0.43	14.63	6.45

2.3　烟支评吸结果比较

评吸结果表明，对照有干草、正甜香韵，香气质较差，香气量弱，杂气明显，有枯焦、辣、木质杂气，有刺激性，烟气干燥，劲头较大，浓度适中；处理以正甜香韵为主，辅以青香、木香、焦香香韵，正甜香较明显，中间香型较显著，香气质细腻、透发，稍有枯焦气和生青气，处理的评吸总分比对照高14.34分（表4-3）。

表4-3　烟支评吸结果比较

处理	香气质（24分）	香气量（24分）	杂气（12分）	余味（10分）	刺激性（10分）	柔和度（5分）	细腻度（5分）	圆润感（5分）	干燥感（5分）	总分（100分）
对照	12.00	13.71	6.00	5.00	5.14	2.79	2.64	2.64	2.43	52.36
处理	15.84	16.08	8.28	6.70	7.00	3.30	3.40	3.00	3.10	66.70

2.4　烟叶农残检测结果

按照《宜宾市生态烟叶技术规程》生产的烟叶315项农残均未超标。

3　结论

由试验结果可知，生态烟叶在生产中只使用了有机肥和矿质肥料，因此其经济性状及外观质量不及常规栽培的烟叶，然而生态烟叶的化学成分更加协调，烟叶含氮化合物含量较低，烟气醇和、柔和、细腻，刺激性较小，杂气少，香气质和香气量均优于常规栽培的烟叶，且烟叶生产中病虫害的防治主要采用农业防治、物理防治和生物防治，未使用化学合成的农药，因此未检测出农药残留，有效保障了烟叶的安全性。生态烟叶生产不使用化学合成的肥料和农药，有利于对生态环境的保护和烟叶生产的可持续发展。

第五章

宜宾市生态烟叶特色形成机理

第一节 烤烟焦甜香风格特色生态区域定位

1 材料与方法

1.1 材料

2017 年：64 个烟叶样品取自宜宾市 4 个产烟县的 25 个种烟乡镇，品种为云烟 87，部位为中部，每个样品 3 kg，具体见表 5-1，对照样品来自湖南省桂阳县春陵江乡余田村（为典型焦甜香特色区域烟叶，海拔 175 m，东经 112.535°，北纬 25.837°）。

2018 年：在 2017 年感官评价的基础上取焦甜香特色明显、较明显、中等和无的烟叶样品共 25 个，具体见表 5-1 中带 * 的样品。

表 5-1 烟叶样品信息表

编号	取样地点	海拔（m）	东经（°）	北纬（°）	编号	取样地点	海拔（m）	东经（°）	北纬（°）
CN1	兴文县石海镇大雪村	1 163	105.072	28.192	CN33 *	珙县曹营镇云新村	872	104.834	28.096
CN2	兴文县石海镇大雪村	1 163	105.081	28.192	CN34	珙县曹营镇云新村	872	104.840	28.096
CN3 *	兴文县周家镇加兴村	898	104.970	28.244	CN35 *	珙县王家镇和平社	886	104.999	28.083
CN4	兴文县周家镇加兴村	924	104.969	28.245	CN36 *	珙县王家镇和平社	966	104.983	27.928
CN5	兴文县周家镇加兴村	981	104.956	28.252	CN37 *	珙县王家镇徐家社	793	104.966	27.903
CN6 *	兴文县周家镇加兴村	985	104.953	28.256	CN38 *	珙县王家镇百花社	781	104.823	27.944
CN7 *	兴文县周家镇加兴村	948	104.951	28.256	CN39	筠连县镇舟镇尖峰村	940	104.998	28.031
CN8	兴文县周家镇加兴村	918	104.953	28.252	CN40	筠连县大雪山镇五和村	820	104.967	27.909

（续表）

编号	取样地点	海拔（m）	东经（°）	北纬（°）	编号	取样地点	海拔（m）	东经（°）	北纬（°）
CN9*	兴文县周家镇加兴村	1 083	104.940	28.272	CN41	筠连县镇舟镇尖峰村	1 100	104.892	27.826
CN10*	兴文县周家镇加兴村	905	104.966	28.247	CN42	筠连县联合乡光明村	1 100	104.892	27.828
CN11*	兴文县仙峰乡群鱼村	1 183	105.094	28.365	CN43	筠连县联合乡光明村	1 136	104.892	27.828
CN12*	兴文县仙峰乡群鱼村	1 148	105.098	28.365	CN44	筠连县高坪乡英雄村	1 120	104.849	27.796
CN13*	兴文县仙峰乡居坪村	1 391	105.025	28.195	CN45	筠连县高坪乡水塘村	1 050	104.765	27.794
CN14*	兴文县仙峰乡居坪村	1 199	105.025	28.195	CN46	筠连县高坪乡丘家村	1 096	104.571	27.870
CN15*	兴文县仙峰乡太阳光村	1 049	104.994	28.236	CN47	筠连县联合苗族乡红村	—	—	—
CN16*	兴文县仙峰乡太阳光村	1 122	104.987	28.414	CN48	筠连县联合苗族乡红村	—	—	—
CN17	兴文县仙峰乡	—	—	—	CN49	筠连县蒿坝镇高农村	1 159	—	—
CN18	兴文县仙峰乡	—	—	—	CN50	筠连县蒿坝镇高兴村	1 143	104.953	27.866
CN19	兴文县毓秀乡迎春村	1 163	104.931	28.226	CN51	筠连县蒿坝镇高桥村	1 078	104.557	27.732
CN20	兴文县毓秀乡迎春村	1 168	104.889	28.382	CN52	筠连县蒿坝镇高桥村	1 050	104.556	27.731
CN21*	兴文县九丝城镇坪山村	886	104.999	28.314	CN53	筠连县蒿坝镇高丰村	1 067	—	—
CN22*	兴文县大河乡半边山村	507	105.451	28.370	CN54	筠连县蒿坝镇高桥村	1 062	—	—
CN23*	兴文县大河乡罗瓦沟村	836	105.399	28.336	CN55	筠连县蒿坝镇中山村	1 207	—	—
CN24*	兴文县大坝苗族乡沙坝村	469	105.127	28.122	CN56	筠连县蒿坝镇中山村	1 275	—	—
CN25*	兴文县大坝苗族乡沙坝村	469	105.127	28.122	CN57	屏山县大乘镇龙胜村	616	104.496	28.305
CN26*	兴文县大坝苗族乡沙坝村	443	105.131	28.125	CN58	屏山县锦屏镇松树村	696	104.416	28.681
CN27*	珙县底洞镇郭斯村	828	104.938	28.379	CN59	屏山县富荣镇青华村	584	104.315	28.708
CN28	珙县玉和乡艾口村	914	104.997	28.329	CN60	屏山县新市镇千步梯村	—	—	—
CN29	珙县罗渡镇天堂村	619	104.943	28.128	CN61	屏山县中都市龙镇村	—	—	—

（续表）

编号	取样地点	海拔（m）	东经（°）	北纬（°）	编号	取样地点	海拔（m）	东经（°）	北纬（°）
CN30*	珙县洛亥镇腊坪村	863	104.998	28.095	CN62	屏山县新市镇三台村	—	—	—
CN31	珙县洛亥镇高丰村	829	104.998	28.096	CN63	屏山县中都李家坝村	—	—	—
CN32*	珙县洛亥镇腊坪村	—	—	—	CN64	屏山县太平乡小坝村	—	—	—

注："—"表示该取样地点未获得相应数据；＊表示2018年采集的样品。

1.2　方法

1.2.1　外观质量评价

烟叶的外观质量评价方法参考 GB 2635—92 的分级标准，对烟叶的成熟度、叶片结构、身份、油分、色度 5 个指标进行评定。在外观质量评定前保证烟叶平衡含水率为 16%～18%，然后按照外观质量评定标准对样品逐个指标、逐个样品评分。

1.2.2　烟支样品卷制

试验烟叶切成宽度为 0.8 mm 的烟丝，卷制成长度为（60+24）mm 的烟支，每个样品卷制 30 支。

1.2.3　单料烟感官评吸

烟叶的感官质量评价参照 GB 5606—2005 系列标准进行。焦甜香特色分明显（≥75分）、较明显（70～74.9 分）、中等（60～69.9 分）和不明显（＜60 分）4 个档次。湖南烟叶样品为 88 分。

2　结果与分析

2.1　2017 年结果与分析

2.1.1　宜宾市 2017 年烟叶外观质量分析

宜宾市 2017 年度烟叶样品外观质量分析见表 5-2。烟叶的成熟度为成熟，叶片结构中等，烟叶身份适中，油分为有，色度为强，总分为 44.62 分，烟叶外观质量较好。

表 5-2　宜宾市烟叶外观质量分析

项目	颜色（10分）	成熟度（10分）	叶片结构（10分）	身份（10分）	油分（10分）	色度（10分）	总分（60分）
平均值	7.95	7.79	8.13	7.50	6.63	6.62	44.62
最大值	9.00	8.50	9.00	9.00	8.00	7.50	50.50
最小值	6.00	7.00	6.50	6.00	4.50	5.00	38.50
变异系数	0.07	0.06	0.05	0.10	0.10	0.10	0.06

4 个县烟叶外观质量比较分析见表 5-3。各县烟叶的颜色、叶片结构和总分无明显差异；珙县烟叶的成熟度得分显著高于其他县；兴文县烟叶的身份得分最高，珙县烟叶

的身份得分最低；兴文县和珙县烟叶的油分得分显著高于筠连县和屏山县；珙县烟叶的色度得分最高，屏山县的色度得分最低。

表 5-3　宜宾市 4 个产烟县外观质量对比分析

县	项目	颜色（10分）	成熟度（10分）	叶片结构（10分）	身份（10分）	油分（10分）	色度（10分）	总分（60分）
兴文县	平均值	7.83a	7.73b	8.12a	7.87a	6.85a	6.71ab	45.10a
	最大值	9.00	8.50	9.00	9.00	8.00	7.50	50.50
	最小值	6.00	7.00	6.50	6.50	5.50	5.50	38.50
	变异系数	0.10	0.06	0.06	0.10	0.10	0.08	0.06
珙县	平均值	8.19a	8.08a	8.27a	6.88c	6.81a	7.00a	45.23a
	最大值	8.50	8.50	9.00	8.00	7.50	7.50	46.50
	最小值	8.00	7.50	8.00	6.00	6.50	6.50	43.00
	变异系数	0.03	0.03	0.04	0.09	0.05	0.06	0.03
筠连县	平均值	7.97a	7.71b	8.06a	7.41b	6.35b	6.41bc	43.91a
	最大值	8.50	8.50	8.50	8.50	7.50	7.50	48.00
	最小值	7.00	7.00	7.50	6.00	4.50	5.00	40.00
	变异系数	0.05	0.06	0.04	0.09	0.12	0.09	0.05
屏山县	平均值	7.88a	7.69b	8.06a	7.50ab	6.19b	6.13c	43.44a
	最大值	8.50	8.50	8.50	8.00	7.00	7.00	46.50
	最小值	6.50	7.00	7.00	6.50	5.00	5.00	38.50
	变异系数	0.08	0.08	0.07	0.07	0.11	0.14	0.07

注：同列不同小写字母表示各县差异显著（$P<0.05$）。

2.1.2　宜宾市 2017 年烟叶样品感官质量分析

宜宾市 64 个烟叶样品的感官质量评价结果见表 5-4。由表 5-4 及图 5-1 可知，烟叶样品的劲头适中，90%左右的烟叶样品劲头得分为 2.5~3.5；80%样品的浓度为中等至较浓（图 5-2）；80%样品的香气质为中等至较好（图 5-3）；78%左右样品的香气量为有至较充足（图 5-4）；90%左右样品的杂气为有（图 5-5）；约 75%样品的余味为欠舒适至较舒适（图 5-6）；约 75%样品的刺激性为有至微有（图 5-7）；约 80%样品的柔和程度为尚柔和至较柔和（图 5-8）；约 73%样品的细腻程度为中等至较细腻（图 5-9）；约 73%样品的圆润感为尚圆润至较圆润（图 5-10）；约 72%样品的干燥感为有至微有（图 5-11）。总体来看，约 80%的样品得分为 35~35 分，质量较好（图 5-12）。

表 5-4　宜宾市烟叶感官质量分析

项目	劲头（5分）	浓度（5分）	香气质（5分）	香气量（5分）	杂气（5分）	余味（5分）	刺激性（5分）	柔和程度（5分）	细腻程度（5分）	圆润感（5分）	干燥感（5分）	总分（50分）
平均值	3.20	3.56	3.54	3.52	3.47	3.55	3.61	3.61	3.55	3.53	3.55	38.69
最大值	4.00	4.00	4.50	4.00	4.50	4.50	4.50	4.50	4.50	4.50	4.50	45.00
最小值	2.00	2.50	2.50	2.50	2.00	2.50	2.50	2.50	2.50	2.50	2.50	29.00
标准差	0.33	0.40	0.46	0.40	0.46	0.39	0.42	0.39	0.41	0.41	0.42	3.42
变异系数	0.10	0.11	0.13	0.11	0.13	0.11	0.12	0.11	0.12	0.12	0.12	0.09

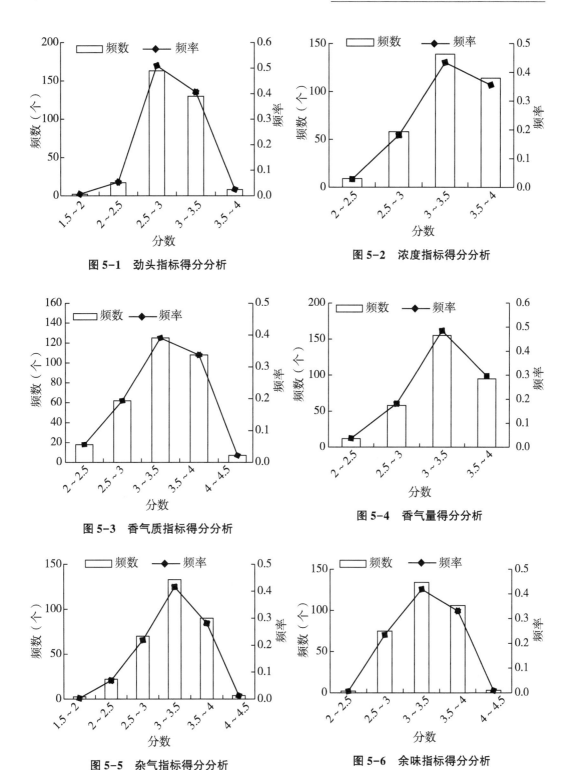

图 5-1　劲头指标得分分析

图 5-2　浓度指标得分分析

图 5-3　香气质指标得分分析

图 5-4　香气量得分分析

图 5-5　杂气指标得分分析

图 5-6　余味指标得分分析

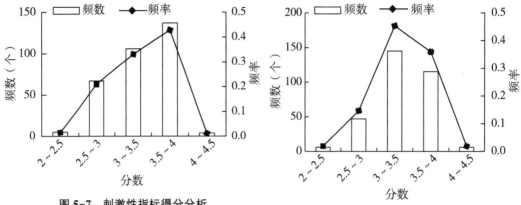

图 5-7　刺激性指标得分分析

图 5-8　柔和程度指标得分分析

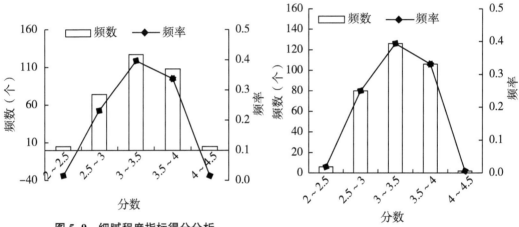

图 5-9　细腻程度指标得分分析

图 5-10　圆润感指标得分分析

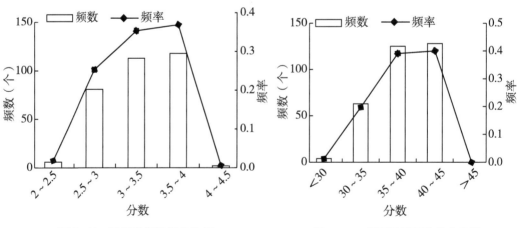

图 5-11　干燥感指标得分分析

图 5-12　感官质量评价总分分析

2.1.3 宜宾市产烟县烟叶感官质量对比分析

宜宾市 4 个产烟县烟叶感官质量评吸结果见表 5-5。各县烟叶的劲头、浓度、香气质、香气量、杂气、余味、刺激性、柔和程度、细腻程度、圆润感、干燥感和总分均无明显差异，而屏山县烟叶的香气量明显低于其他 3 个县。

表 5-5 宜宾市 4 个产烟县烟叶感官质量对比

县	劲头(5分)	浓度(5分)	香气质(5分)	香气量(5分)	杂气(5分)	余味(5分)	刺激性(5分)	柔和程度(5分)	细腻程度(5分)	圆润感(5分)	干燥感(5分)	总分(55分)
兴文县	3.28a	3.65a	3.60a	3.62a	3.51a	3.60a	3.62a	3.94a	3.59a	3.59a	3.60a	39.60a
珙县	3.14a	3.56a	3.61a	3.56a	3.63a	3.58a	3.66a	3.72a	3.68a	3.63a	3.56a	39.14a
筠连县	3.18a	3.51a	3.47a	3.47a	3.39a	3.51a	3.56a	3.50a	3.46a	3.41a	3.47a	37.92a
屏山县	3.03a	3.38a	3.39a	3.25b	3.28a	3.48a	3.58a	3.59a	3.46a	3.46a	3.54a	37.33a

注：同列不同小写字母表示各县差异显著（$P < 0.05$）。

2.1.4 宜宾市烟叶焦甜香特色区域定位

由图 5-13 可知，感官评价焦甜香不明显的占比 45.4%（29 个），明显的占比 10.9%（7 个），中等及较明显的分别占比 23.4%（15 个）和 20.3%（13 个）。总体来看，具有不同焦甜香的占比为 54.6%。分析可知，具有明显焦甜香特色的烟叶样品主要分布在兴文县的周家镇和大坝苗族乡及珙县的王家镇。

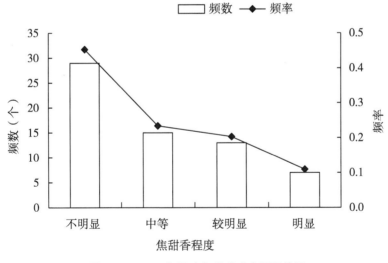

图 5-13 2017 年烟叶焦甜香感官评吸结果

2.1.5 结论

由 2017 年宜宾市 64 个烟叶样品的外观质量和感官质量分析可知，64 个烟叶样品的外观质量和感官质量较好，4 个县的外观质量和感官质量无明显差异；64 个烟叶样品评吸具有明显焦甜香特征的比例为 10.9%，具有较明显焦甜香特征的比例为 20.3%，焦甜香特征烟叶样品主要分布在兴文县的周家镇和大坝苗族乡及珙县的王家镇。

2.2 2018 年结果与分析

2.2.1 外观质量分析

烟叶外观质量评价各项指标的变异系数均较小，表明外观质量较为稳定，其中，色度变异系数最大为9.13%，叶片结构变异系数最小为5.90%；成熟度的峰度系数小于0，数据分布相对平坦，为比较分散的低阔峰，其余指标的峰度系数大于0，数据分布较陡峭，为相对集中的高狭峰；各指标的偏度系数均小于0，表现为左偏态峰。总体来看，烟叶外观质量较好，整体表现为烟叶成熟度好，叶片结构疏松，身份适中，呈现出橘黄或柠檬黄色，但油分稍少，色度中等（表5-6）。

表5-6 2018 年烟叶外观质量指标描述性分析

项目	颜色 （10分）	成熟度 （10分）	叶片结构 （10分）	身份 （10分）	油分 （10分）	色度 （10分）
平均值	8.0	7.9	8.2	8.5	7.1	6.8
最大值	8.5	8.5	9.0	9.5	8.0	7.5
最小值	6.5	7.0	7.0	6.5	5.0	5.0
峰度系数	3.11	-0.93	1.58	1.46	4.8	1.58
偏度系数	-1.52	-0.35	-0.76	-1.24	-1.89	-0.98
标准差	0.49	0.51	0.48	0.74	0.63	0.62
变异系数（%）	6.11	6.46	5.90	8.67	8.80	9.13

2.2.2 感官质量评价

由表5-7可以得知，感官评价各项指标的变异系数均较小，说明感官评吸质量较为稳定，其中，杂气、圆润感和干燥感变异系数最大，为12%，劲头变异系数最小，为7%；香气质、香气量、杂气、余味、刺激性、柔和程度、细腻程度和圆润感的偏度系数小于0，变为左偏态峰，其余指标为右偏态峰；各指标的峰度系数均大于0，表明数据分布较陡峭，为相对集中的高狭峰。总体而言，烟叶感官评吸质量较好，表现出烟气较浓，香气质量稍好、尚足，柔和、细腻，圆润感较好，杂气小，劲头适中，刺激性小，微有杂气，但余味欠适且具有明显的干燥感。

表5-7 2018 年烟叶感官评吸指标描述性分析

项目	劲头 (5分)	浓度 (5分)	香气质 (5分)	香气量 (5分)	杂气 (5分)	余味 (5分)	刺激性 (5分)	柔和 程度 (5分)	细腻 程度 (5分)	圆润感 (5分)	干燥感 (5分)
平均值	3.07	3.16	3.29	3.27	3.15	3.18	3.21	3.32	3.27	3.22	3.14
最大值	3.50	4.00	4.00	4.00	4.00	4.00	4.00	4.00	4.00	4.00	4.00
最小值	2.50	2.50	2.00	1.50	2.00	2.00	2.00	2.00	2.00	2.00	2.00
峰度系数	1.22	0.16	1.27	2.10	2.51	1.38	1.13	1.16	0.91	0.50	0.31
偏度系数	0.60	0.37	-0.81	-1.11	-1.05	-0.48	-0.73	-0.57	-0.32	-0.22	0.05
标准差	0.22	0.30	0.31	0.32	0.38	0.32	0.33	0.37	0.37	0.39	0.36
变异系数 （%）	7.0	9.0	9.0	10.0	12.0	10.0	10.0	11.0	11.0	12.0	12.0

2.2.3 2018 年烟叶焦甜香特色评吸结果

由图 5-14 可知，感官评价焦甜香不明显的占比为 28.0% （7 个），明显的占比为 28.0% （7 个），中等及较明显的分别占比 20.0% （5 个）和 24.0% （6 个）。总体来看，具有不同焦甜香的占比为 72.0%。

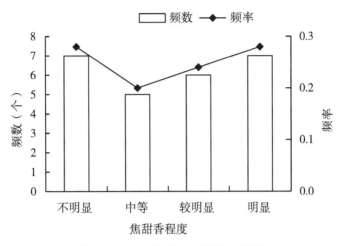

图 5-14 2018 年烟叶焦甜香感官评价

由表 5-8 可知，2017 年和 2018 年对焦甜香的评价结果有一定的差异，特别是 2017 年评价为焦甜香为中等的样品，2 年的重现率为 42.9%，而各样品 2 年的整体重现率为 56.0%。

表 5-8 2017 年与 2018 年焦甜香评价结果

编号	地址	海拔（m）	2017 年	2018 年	各等级重现率（%）	整体重现率（%）
CN7	宜宾市兴文县周家镇加兴村	923	无	中等		
CN12	宜宾市兴文县仙峰乡群鱼村	1 148	无	无		
CN13	宜宾市兴文县仙峰乡居坪村	1 391	无	无	66.7	
CN15	宜宾市兴文县仙峰乡太阳光村	1 049	无	无		
CN16	宜宾市兴文县仙峰乡太阳光村	1 122	无	无		
CN21	宜宾市兴文县九丝城镇坪山村	886	无	中等		
CN6	宜宾市兴文县周家镇加兴村	985	中等	中等		
CN11	宜宾市兴文县仙峰乡群鱼村	1 183	中等	较明显		
CN10	宜宾市兴文县周家镇加兴村	905	中等	较明显		
CN27	宜宾市珙县底洞镇郭斯村	828	中等	较明显	42.9	
CN30	宜宾市珙县洛亥镇腊坪村	863	中等	中等		
CN33	宜宾市珙县曹营镇云新村	872	中等	中等		
CN35	宜宾市珙县王家镇和平社	886	中等	无		

（续表）

编号	地址	海拔（m）	2017年	2018年	各等级重现率（%）	整体重现率（%）
CN3	宜宾市兴文县周家镇加兴村	898	较明显	较明显	60.0	56.0
CN14	宜宾市兴文县仙峰乡居坪村	1 199	较明显	明显		
CN22	宜宾市兴文县大河乡半边山村	507	较明显	明显		
CN25	宜宾市兴文县大坝苗族乡沙坝村	469	较明显	较明显		
CN32	宜宾市珙县洛亥镇腊坪村	—	较明显	较明显		
CN9	宜宾市兴文县周家镇加兴村	1 083	明显	明显	57.1	
CN23	宜宾市兴文县大河乡罗瓦沟村	836	明显	明显		
CN24	宜宾市兴文县大坝苗族乡沙坝村	469	明显	明显		
CN26	宜宾市兴文县大坝苗族乡沙坝村	443	明显	较明显		
CN36	宜宾市珙县王家镇和平社	966	明显	较明显		
CN37	宜宾市珙县王家镇徐家社	793	明显	明显		
CN38	宜宾市珙县王家镇百花社	781	明显	较明显		

3 结论

对宜宾市烟叶焦甜香特色感官质量进行评价，结果表明，具有焦甜香特色的烟叶样品占样品总数的42%，其中烟叶焦甜香特色强的植烟地区为兴文县周家镇加兴村和仙峰乡群鱼村、珙县王家镇徐家社和百花社。

第二节　焦甜香烟叶形成的环境条件

1　气象因素对宜宾市烤烟焦甜香的影响

1.1　气象因素的采集与分析

1.1.1　气象数据采集设备

农业7要素环境监测仪（型号HCS-QXZ-7），采集的数据包括环境温湿度、土壤温湿度、光照强度、日照时数及降水量。

1.1.2　气象数据采集地点

仪器分别安装在如下3个地点。地点1：宜宾市兴文县周家镇加兴村（海拔985 m，104.386°E，28.256°N），烟叶焦甜香评吸得分62.5分。地点2：宜宾市兴文县仙峰乡太阳光村（海拔1 049 m，104.994°E，28.236°N），烟叶焦甜香评吸得分57.5分。地点3：宜宾市兴文县大坝苗族乡沙坝村（海拔871 m，105.101°E，28.138°N），烟叶焦甜香评吸得分74.5分。地点4：宜宾市兴文县大坝苗族乡沙坝村（海拔443 m，

105.131°E，28.125°N），烟叶焦甜香评吸得分 78.7 分。

1.1.3　气象数据采集时间

　　时间从 5 月 1 日移栽到 9 月 1 日采烤结束。每 10 min 记录一组数据。划分时段为日间 6:00—18:00，夜间 18:01—5:59。

1.1.4　气象数据整理

　　按照烤烟生长规律人为地将 5 月 1—8 日划分为还苗期，5 月 9 日至 6 月 9 日划分为伸根期，6 月 10 日至 7 月 9 日划分为旺长期，7 月 10—26 日划分为成熟前期，7 月 27 日至 8 月 11 日划分为成熟中期，8 月 12—31 日划分为成熟后期。

　　为分析方便，将还苗期的日间环境温度、夜间环境温度、日间环境湿度、夜间环境湿度、日间土壤温度、夜间土壤温度、环境温度、环境最高气温、环境最低气温、积温（＞10 ℃）、环境温差、环境湿度、环境最大湿度、环境最小湿度、土壤温度、土壤湿度、日照时数、日照百分数、降水量及光照强度记录为 $X_1 \sim X_{20}$；伸根期的各项指标记录为 $X_{21} \sim X_{40}$；旺长期的各项指标记录为 $X_{41} \sim X_{60}$；成熟前期的各项指标记录为 $X_{61} \sim X_{80}$；成熟中期的各项指标记录为 $X_{81} \sim X_{100}$；成熟后期的各项指标记录为 $X_{101} \sim X_{120}$。

1.1.5　气象数据分析

　　使用 Excel 2010 对数据进行整理，采用 SPSS 23.0 对数据进行描述性、主成分、相关性和回归分析。

1.2　结果与分析

1.2.1　气象因素的主成分分析

　　主成分分析方法是将众多的变量转变成数量不多的几个因子来表示，这些因子能够包含原变量提供的大部分信息。为了解气象因子对烟叶焦甜香评吸结果的影响，对不同时期的气象数据进行主成分分析，描述初始值对原始数据的总体情况。由表 5-9 可知，按照特征值＞1 的原则，选取 3 个成分，包含原始数据 100% 的信息，其中成分 1 的贡献率为 65.32%，成分 2 的贡献率为 19.08%，成分 3 的贡献率为 15.60%。因此，可利用 3 个成分作为气象数据的评价因子进行分析。

表 5-9　主成分分析的特征值与累积贡献率

成分	特征值	贡献率（%）	累积贡献率（%）
1	78.39	65.32	65.32
2	22.89	19.07	84.40
3	18.73	15.61	100.00

　　一般来说，特征向量（载荷值）可表征该要素与主成分的相关程度的大小，表明其对应的因子在某个主成分中的作用。如表 5-10 所示，成分 1 中载荷值＞0.998 的指标共有 4 个，分别是 X_7（还苗期环境温度）、X_{88}（成熟中期环境最高气温）、X_{99}（成熟前期环境最低气温）和 X_{109}（成熟后期环境最低气温），可归纳为温度因子；成分 2 中载荷值＞0.900 的指标共有 3 个，分别是 X_{40}（伸根期光照强度）、X_{80}（成熟前期光照强度）及 X_{100}（成熟中期日均光照强度），可归纳为光照强度因子；成分 3 中载荷值＞0.700 的指标是 X_{18}（还苗期日照百分率）、X_{97}（成熟前期日照时数）和 X_{98}（成熟

前期日照百分率），可归纳为日照百分率因子。

表 5-10 气象因子初始特征向量值

指标	成分			指标	成分			指标	成分		
	1	2	3		1	2	3		1	2	3
X_1	0.985	0.164	-0.049	X_{41}	0.995	0.083	-0.056	X_{81}	0.992	-0.024	0.128
X_2	0.994	0.111	0.016	X_{42}	0.981	0.017	0.045	X_{82}	0.994	0.084	0.064
X_3	-0.875	-0.485	-0.011	X_{43}	-0.977	0.128	0.172	X_{83}	-0.926	0.378	0.011
X_4	-0.812	-0.569	-0.131	X_{44}	-0.913	0.407	0.028	X_{84}	-0.931	0.365	0.022
X_5	0.928	0.291	0.233	X_{45}	0.970	0.008	-0.242	X_{85}	0.387	-0.414	-0.434
X_6	0.759	0.580	0.296	X_{46}	0.967	0.068	-0.247	X_{86}	0.394	-0.522	-0.412
X_7	0.999	0.010	-0.045	X_{47}	0.997	0.080	0.001	X_{87}	0.996	0.002	0.092
X_8	0.995	0.100	0.002	X_{48}	0.909	0.020	0.416	X_{88}	0.999	-0.125	0.147
X_9	0.988	-0.121	-0.091	X_{49}	0.997	0.039	-0.073	X_{89}	0.998	0.065	0.008
X_{10}	0.943	-0.071	0.324	X_{50}	0.764	-0.165	0.524	X_{90}	0.876	-0.228	0.425
X_{11}	-0.792	0.552	0.261	X_{51}	-0.092	-0.035	0.495	X_{91}	0.215	-0.581	-0.487
X_{12}	-0.956	-0.293	-0.001	X_{52}	-0.991	0.108	0.074	X_{92}	-0.928	0.372	0.021
X_{13}	0.389	-0.395	0.532	X_{53}	-0.887	-0.329	0.324	X_{93}	-0.932	0.359	0.050
X_{14}	0.528	-0.367	0.566	X_{54}	-0.962	0.269	-0.056	X_{94}	-0.916	0.385	-0.110
X_{15}	0.921	0.272	0.277	X_{55}	0.967	0.058	-0.247	X_{95}	0.385	-0.418	-0.426
X_{16}	-0.886	-0.088	-0.455	X_{56}	0.019	-0.141	-0.490	X_{96}	0.567	0.040	-0.423
X_{17}	0.467	-0.304	0.680	X_{57}	0.474	0.333	-0.639	X_{97}	0.395	0.538	-0.748
X_{18}	0.436	-0.309	0.708	X_{58}	0.465	0.321	-0.659	X_{98}	0.400	0.544	-0.735
X_{19}	-0.371	-0.771	0.517	X_{59}	0.459	0.255	0.122	X_{99}	0.871	-0.237	-0.429
X_{20}	0.758	0.886	-0.625	X_{60}	0.497	0.860	0.112	X_{100}	-0.461	0.937	0.120
X_{21}	0.986	0.163	0.046	X_{61}	0.998	0.050	0.024	X_{101}	0.827	0.508	0.240
X_{22}	0.980	0.082	0.180	X_{62}	0.997	0.061	0.045	X_{102}	0.928	0.329	0.177
X_{23}	-0.743	0.569	0.008	X_{63}	-0.928	0.367	0.061	X_{103}	-0.927	0.373	0.037
X_{24}	-0.913	-0.015	-0.408	X_{64}	-0.931	0.361	0.045	X_{104}	-0.928	0.372	0.011
X_{25}	0.880	0.243	0.407	X_{65}	0.378	-0.410	-0.448	X_{105}	0.542	-0.535	-0.092
X_{26}	0.787	0.429	0.443	X_{66}	0.383	-0.415	-0.434	X_{106}	0.539	-0.541	-0.053
X_{27}	0.979	0.203	0.022	X_{67}	0.996	0.079	0.031	X_{107}	0.895	0.387	0.222
X_{28}	0.991	-0.073	0.108	X_{68}	0.957	0.199	0.209	X_{108}	0.982	-0.154	0.105
X_{29}	0.992	0.123	-0.019	X_{69}	0.999	0.110	-0.003	X_{109}	0.999	0.053	-0.002
X_{30}	0.720	-0.288	0.531	X_{70}	0.845	-0.062	0.531	X_{110}	0.904	-0.237	0.356
X_{31}	-0.661	-0.641	0.389	X_{71}	0.242	0.413	0.078	X_{111}	0.798	-0.526	0.293
X_{32}	-0.345	-0.437	-0.053	X_{72}	-0.931	0.362	0.054	X_{112}	-0.923	0.385	0.022
X_{33}	-0.785	0.417	0.061	X_{73}	-0.933	0.353	0.072	X_{113}	-0.932	0.358	0.063
X_{34}	0.775	0.275	-0.569	X_{74}	-0.923	0.385	-0.006	X_{114}	-0.898	0.394	-0.196

（续表）

指标	成分			指标	成分			指标	成分		
	1	2	3		1	2	3		1	2	3
X_{35}	0.868	0.379	0.321	X_{75}	0.442	-0.484	-0.437	X_{115}	0.501	-0.462	-0.078
X_{36}	-0.498	-0.338	-0.498	X_{76}	0.348	0.118	-0.531	X_{116}	0.850	-0.119	-0.514
X_{37}	0.514	0.407	0.676	X_{77}	0.666	0.687	-0.291	X_{117}	0.523	0.513	-0.681
X_{38}	0.596	0.408	0.692	X_{78}	0.660	0.686	-0.308	X_{118}	0.476	0.535	-0.698
X_{39}	-0.489	-0.716	0.106	X_{79}	0.833	0.538	-0.133	X_{119}	0.149	-0.728	-0.340
X_{40}	-0.239	0.969	0.063	X_{80}	-0.337	0.919	0.205	X_{120}	-0.432	-0.045	0.361

3 个成分的得分系数（特征向量／$\sqrt{特征值}$）与 90 项气象指标的标准化数据的对应乘积构建主成分得分方程：

$$F_i = \sum_{j}^{i} (p_i \cdot x_j) \qquad i = 1, 2, 3; j = 1, 2, \cdots, k \qquad (5-1)$$

式中，p_i 的对应编号为成分得分系数；x_j 为对应编号气象指标标准化数值。

以不同成分方差贡献率为加权系数，构建综合得分方程：

$$F = F_1 \cdot \beta_1 + \cdots + F_m \cdot \beta_m \qquad (5-2)$$

式中，F_m 为成分得分方程计算数值；β_m 为对应成分的方差贡献率。

综合得分 F 值越高，表明该地区气象条件更有利于烟叶焦甜香的形成。从表 5-11 可得知，根据所建立主成分方程及综合得分方程计算的各成分及综合得分，结合烟叶焦甜香感官评吸得分，方程总分排名与感官评吸得分排名一致，表明所建立的气象因子对烟叶焦甜香影响的评价模型与感官评价法具有较好的一致性，即评价不同程度焦甜香烟叶可以通过对烟叶所产地点气象因子进行主成分分析来解释其形成的气象原因。

表 5-11　不同地区模型成分综合得分

地点	模型得分			总分	排名	烟样焦甜香评吸得分
	成分 1	成分 2	成分 3			
大坝苗族乡沙坝村	11.47	3.58	0.47	15.52	1	78.66
大坝苗族乡沙坝村	-6.97	0.84	5.47	-0.66	2	74.50
周家镇加兴村	2.48	-6.97	-0.94	-5.43	3	62.50
仙峰乡太阳光村	-6.99	2.56	-5.01	-9.44	4	57.50

1.2.2　焦甜香与气象因子的相关分析

焦甜香评吸得分与各气象因子进行相关分析，结果见表 5-12。焦甜香感官评吸得分与旺长期日间土壤温度呈极显著正相关、日间环境湿度呈极显著负相关；与还苗期环境最低气温，伸根期夜间环境湿度，旺长期日间温度、夜间土壤温度、环境最低气温、土壤温度，成熟前期日间温度、环境最低气温，成熟中期降水量、环境最高气温、环境最低气温、环境温度，成熟后期土壤湿度、环境最高温度及环境最低气温呈显著正相关；与旺长期环境湿度、成熟前期日间和夜间环境湿度、环境湿度、环境最大湿度，成熟中期环境最大湿度，成熟后期环境最大湿度及光照强度呈显著负相关。

表5-12 焦甜香评吸得分与不同时期气象因子的相关系数

指标	还苗期	伸根期	旺长期	成熟前期	成熟中期	成熟后期
降水量	−0.389	−0.824	0.863	0.768	0.972*	0.339
日间环境湿度	−0.780	−0.636	−0.997**	−0.953*	−0.939	−0.947
夜间环境湿度	−0.681	0.979*	−0.935	−0.951*	−0.945	−0.941
环境湿度	−0.884	−0.206	−0.985*	−0.953*	−0.943	−0.940
环境最大湿度	0.220	−0.695	−0.892	−0.958*	−0.953*	−0.955*
环境最小湿度	0.366	0.851	−0.944	−0.934	−0.902	−0.864
土壤湿度	−0.731	−0.244	0.276	0.546	0.741	0.957*
日间温度	0.940	0.918	0.961*	0.949*	0.926	0.677
夜间温度	0.939	0.890	0.948	0.941	0.931	0.810
日间土壤温度	0.801	0.719	0.992**	0.571	0.576	0.645
夜间土壤温度	0.589	0.598	0.982*	0.573	0.579	0.633
环境温度	0.971	0.912	0.949	0.942	0.936*	0.760
环境最高气温	0.945	0.937	0.771	0.847	0.924*	0.939*
环境最低气温	0.988*	0.945	0.972*	0.944*	0.951*	0.955*
>10 ℃积温	0.838	0.575	0.604	0.692	0.768	0.812
温差	−0.892	−0.653	−0.326	−0.030	0.159	0.761
土壤温度	0.787	0.711	0.984*	0.626	0.574	0.606
光照强度	0.859	−0.363	0.347	−0.486	−0.660	−0.979*
日照时数	0.514	0.377	0.835	0.628	0.423	0.606
日照百分率	0.478	0.356	0.833	0.627	0.425	0.562

注：*表示在0.05水平上相关性显著；**表示在0.01水平上相关性极显著。

为进一步得出焦甜香评吸得分与气象因子之间的线性关系，以焦甜香评吸得分为因变量Y，选取与焦甜香评吸得分极显著、显著的气象因子为自变量，进行逐步回归分析。从表5-13可知，$P = 0.002$（<0.01）达到极显著水平，方程决定系数R^2（调整）$= 0.998$（表5-14）。表5-14的回归系数检验中共有成熟中期环境最高气温、成熟前期环境最低气温2个指标达到显著水平，所构成的方程式：$Y_{焦甜香评吸得分} = -12.835 + 3.008X_{成熟中期环境最高气温} - 0.659X_{成熟前期环境最低气温}$能够解释焦甜香评吸得分99.8%的变异。根据标准化回归系数可知，成熟中期环境最高气温对焦甜香评吸得分的影响程度大于成熟前期环境最低气温。成熟中期环境最高气温在27.5~33.8 ℃，成熟前期环境最低气温在19.4~24.4 ℃。

表5-13 逐步回归模型方差检验

变异来源	平方和	自由度	均方	F	显著性
回归	324.229	2	162.115	103.14	0.002**
残差	0.002	1	0.002		
总计	324.231	3			

表 5-14　逐步回归系数检验

项目	未标准化系数	标准化系数	t	显著性	R	R^2（调整）
常量	−12.835	—	−61.145	0.010	0.999	0.998
成熟中期环境最高气温	3.008	1.140	167.522	0.004	—	—
成熟前期环境最低气温	−0.659	−0.149	−21.924	0.029	—	—

1.2.3　烟叶焦甜香形成的气象因子描述性分析

1.2.3.1　不同地点环境温度变化分析

焦甜香评吸得分高的地点，整个生长期内的环境温度普遍高于分值低的地点。高分值地点（地点 3 和地点 4）成熟中期环境温度最高，低分值地点（地点 1 和地点 2）在成熟后期环境温度最高，在成熟中期最大温度差达 6.3 ℃，表明焦甜香评吸得分与成熟中期的环境温度有关，并在一定变化范围内存在随温度升高分值增加的规律（图 5-15）。对成分 1 筛选出来的 4 个时期温度指标进行分析可知，分值最高的地点 4，各指标数值均最大，而分值最低的地点 2，各指标数值均最小，地点 1 和地点 3 之间差别不明显，进一步说明温度是影响焦甜香评吸得分的主要因素。4 个地点生育期环境温度为 16.0~31.7 ℃，除地点 4 成熟期环境温度较高（＞28 ℃），地点 1、地点 2 还苗期环境温度稍低（＜18 ℃）外，其余各时期均处在优质烟叶生长的适宜范围（图 5-16）。

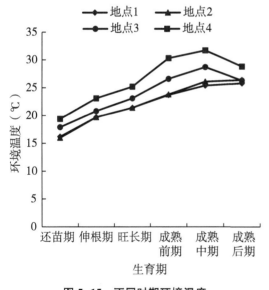

图 5-15　不同时期环境温度

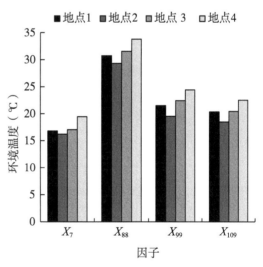

图 5-16　成分 1 筛选温度指标

1.2.3.2　不同地点土壤及环境湿度变化分析

烤烟生长的还苗期—旺长期，环境湿度随生长时间逐渐变小，但与焦甜香评吸得分之间无相关性；成熟前期—成熟后期，焦甜香评吸得分高的地点（地点 3 和地点 4）环境湿度大于评分低的地点（地点 1 和地点 2），且地点 4＞地点 3＞地点 2＞地点 1，表明成熟时期环境湿度影响烟叶焦甜香的评分（图 5-17）。在整个生长期内，分值最高的地点 4 土壤湿度大于其余 3 个地点，但 4 个地点生长期内变化无明显规律，且与焦甜香评吸得分之间不存在相关性（图 5-18）。

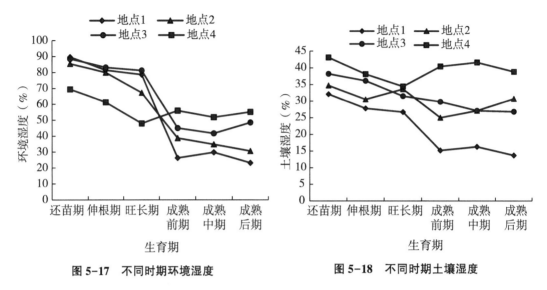

图 5-17 不同时期环境湿度　　　图 5-18 不同时期土壤湿度

1.2.3.3 不同时期土壤有效积温变化分析

烤烟整个生长期内＞10 ℃的土壤有效积温呈现地点 4＞地点 1＞地点 3＞地点 2 的趋势，与焦甜香评吸得分地点 4＞地点 3＞地点 1＞地点 2 之间存在积温越高、焦甜香风格越突出的关系，表明积温有助于烟叶焦甜香的形成（图 5-19）。

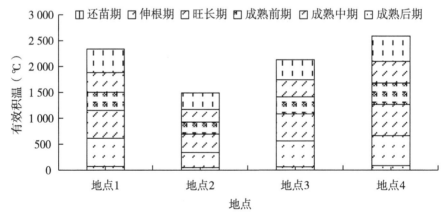

图 5-19 不同时期土壤有效积温

1.2.3.4 不同地点降水量变化分析

整个生育期降水总量表现为地点 1＞地点 2＞地点 3＞地点 4，基本与焦甜香评吸得分地点 4＞地点 3＞地点 1＞地点 2 的趋势相反。在还苗期和伸根期地点 1＞地点 2＞地点 4＞地点 3，旺长期地点 3＞地点 4＞地点 2＞地点 1，成熟期地点 3＞地点 2＞地点 4＞地点 1，均与焦甜香评吸得分之间无对应变化关系，表明焦甜香风格的突出与降水时间及各时期降水量之间无关，只与降水总量存在一定的关系。相对于优质烟叶的需水要求，还苗期和伸根期地点1、地点2、地点4降雨较多，地点3较少；旺长期地点1、地点2较为适宜，地点3、地点4较多；成熟期地点4适宜，地点1少，地点2、地点3均较多（图5-20）。

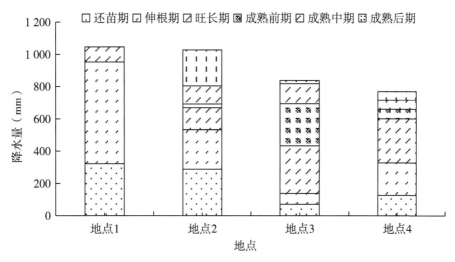

图 5-20　不同时期降水量

1.2.3.5　不同地点日照时数变化分析

累积日照时数呈现地点4＞地点2＞地点1＞地点3的趋势，均满足优质烟叶生长所需时长，但并不完全符合焦甜香评吸得分地点4＞地点3＞地点1＞地点2的规律，因而不能明确累积日照时数对烟叶焦甜香形成的影响。生长期日均日照时数有先增后减再增的变化趋势，旺长期最短，成熟后期最长。相同时期内，地点4各时期日照时数最长，还苗期和伸根期地点2日照时数最短，旺长期至成熟后期地点3日照最短（图5-21）。

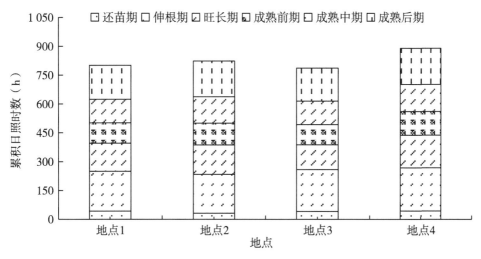

图 5-21　不同时期累积日照时数

1.3 结论

综合以上分析结论，对众多气象因子指标的主成分分析结果中特征值＞1 的 3 个成分代表了原始数据 100% 的信息，其中成分 1 的贡献率为 60.40% 且载荷值较大的指标为 X_7（还苗期环境温度）、X_{88}（成熟中期环境最高气温）、X_{99}（成熟前期环境最低气温）和 X_{109}（成熟后期环境最低气温）。进一步简单相关分析结果可知，焦甜香感官评吸得分与成熟前期环境最高气温，成熟中期环境最高气温、环境最低气温、环境温度，成熟后期土壤湿度、环境温度及环境最低气温等指标存在显著相关性；为进一步得出焦甜香评吸得分与气象因子之间的线性关系，以焦甜香评吸得分为因变量 Y，选取与得分关系显著、极显著的气象因子指标为自变量，进行逐步回归分析。回归分析所构成的线性方程式：$Y_{焦甜香评吸得分} = -12.835 + 3.008X_{成熟中期环境最高气温} - 0.659X_{成熟前期环境最低气温}$ 能够解释焦甜香评吸得分 99.8% 的变异。根据标准化回归系数可知，对焦甜香评吸得分影响程度的大小为成熟中期环境最高气温＞成熟前期环境最低气温。

2 烟叶焦甜香评吸得分与地理位置的相关分析

2.1 材料与方法

2.1.1 数据获取

试验取样地理信息见表 5-15，样品取自宜宾市兴文县和珙县 25 个地点。根据地块形状及大小，在取样地点大致中心处，使用 GPS 记录该地点海拔高度、经度及纬度。

表 5-15 样品取样地理信息

编号	取样地点	海拔（m）	东经（°）	北纬（°）
1	宜宾市兴文县周家镇加兴村	898	104.970	28.244
2	宜宾市兴文县周家镇加兴村	985	104.953	28.256
3	宜宾市兴文县周家镇加兴村	948	104.951	28.256
4	宜宾市兴文县周家镇加兴村	1 083	104.940	28.272
5	宜宾市兴文县周家镇加兴村	905	104.966	28.247
6	宜宾市兴文县仙峰乡群鱼村	1 183	105.094	28.365
7	宜宾市兴文县仙峰乡群鱼村	1 148	105.098	28.365
8	宜宾市兴文县仙峰乡居坪村	1 391	105.025	28.195
9	宜宾市兴文县仙峰乡居坪村	1 199	105.025	28.195
10	宜宾市兴文县仙峰乡太阳光村	1 049	104.944	28.236
11	宜宾市兴文县仙峰乡太阳光村	1 122	104.987	28.414
12	宜宾市兴文县九丝城镇坪山村	886	104.999	28.314
13	宜宾市兴文县大河乡半边山村	507	105.451	28.370
14	宜宾市兴文县大河乡罗瓦沟村	836	105.399	28.336
15	宜宾市兴文县大坝苗族乡沙坝村	469	105.127	28.122
16	宜宾市兴文县大坝苗族乡沙坝村	469	105.127	28.122

（续表）

编号	取样地点	海拔（m）	东经（°）	北纬（°）
17	宜宾市兴文县大坝苗族乡沙坝村	443	105.131	28.125
18	宜宾市珙县底洞镇郭斯村	828	104.938	28.379
19	宜宾市珙县洛亥镇腊坪村	863	104.998	28.095
20	宜宾市珙县洛亥镇腊坪村	896	104.998	28.096
21	宜宾市珙县曹营镇云新村	872	104.834	28.096
22	宜宾市珙县王家镇和平社	886	104.999	28.083
23	宜宾市珙县王家镇和平社	966	104.983	27.928
24	宜宾市珙县王家镇徐家社	793	104.966	27.903
25	宜宾市珙县王家镇百花社	781	104.823	27.944

2.1.2　数据分析

采用 Execl 2010 对数据进行整理，采用 SPSS 23.0 对数据进行简单相关和线性回归分析。

2.2　结果与分析

2.2.1　焦甜香评吸得分与地理位置的相关分析

取样地点海拔范围 443~1 391 m，经度范围 104.492°~105.270°E，纬度范围 27.564°~28.248°N。对焦甜香评吸得分与地理位置进行简单相关分析可知（表 5-16），评吸得分与海拔之间呈极显著负相关，与纬度呈显著负相关，与经度之间无显著相关性，表明高海拔、高纬度的地区不利于烟叶焦甜香的形成。

表 5-16　焦甜香评吸得分与地理位置相关系数

项目	海拔	经度	纬度
焦甜香评吸得分	-0.570**	0.105	-0.445*

注：* 表示在 0.05 水平上相关性显著；** 表示在 0.01 水平上相关性极显著。

2.2.2　焦甜香评吸得分与地理位置的线性回归关系分析

为明确焦甜香评吸得分与海拔、经度、纬度之间的线性关系，以评吸得分为因变量，分别以海拔、经度、纬度为自变量，进行线性回归分析。结果显示，评吸得分与海拔之间所构成的线性方程为 $Y_{焦甜香评吸得分} = -0.021\ 4X_{海拔} + 86.407$，方程解释总体方差的 32.5%（$R^2 = 0.325\ 0$），存在极显著负线性相关关系（表 5-17，$P = 0.003$），且随海拔升高有降低的趋势。海拔为 800~1 200 m 时，每升高 100 m，焦甜香评吸得分降低 2.14（图 5-22）。

表 5-17　海拔系数方差检验

变异来源	平方和	自由度	均方	F	显著性
回归	541.966	1	541.966	11.074	0.003
残差	1 125.615	23	48.94		

（续表）

变异来源	平方和	自由度	均方	F	显著性
总计	1 667. 581	24			

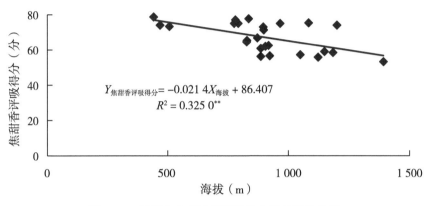

图 5-22　海拔与焦甜香评吸得分之间的线性关系

焦甜香评吸得分与纬度之间所构成的线性方程为 $Y_{焦甜香评吸得分} = -42.637X_{纬度} + 1265.7$，方程解释总体方差的 18.42%（$R^2 = 0.1842$），存在显著负线性相关关系（表 5-18，$P = 0.036$），焦甜香评吸得分随纬度的增加呈降低的趋势。

表 5-18　纬度系数方差检验

变异来源	平方和	自由度	均方	F	显著性
回归	288. 394	1	288. 394	4.968	0.036
残差	1 277. 225	22	58. 056		
总计	1 565. 619	23			

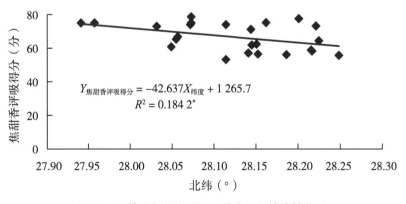

图 5-23　纬度与焦甜香评吸得分之间的线性关系

焦甜香评吸得分与经度之间无显著的线性相关性（表5-19，$P=0.617$），方程$Y_{得分}=3.714X_{经度}-322.31$仅能解释方程变异的1.1%（$R^2=0.0110$），表明经度变化与烟叶焦甜香的形成关系不大（图5-24）。

表5-19　经度系数方差检验

变异来源	平方和	自由度	均方	F	显著性
回归	18.412	1	18.412	0.257	0.617
残差	1 649.169	23	71.703		
总计	1 667.581	24			

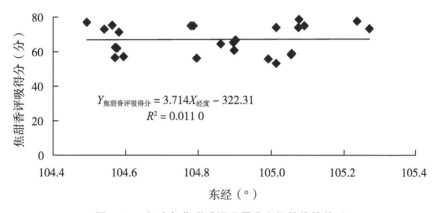

图5-24　经度与焦甜香评吸得分之间的线性关系

2.3　结论

对取样海拔443~1 391 m，东经104.492°~105.270°，北纬27.564°~28.248°范围内的地理位置与焦甜香评吸得分进行简单相关分析结果表明，焦甜香评吸得分与海拔之间存在极显著负相关，与纬度存在显著负相关，与经度之间无显著相关性，表明高海拔、高纬度的地区不利于烟叶焦甜香的形成。

3　土壤理化性质对烟叶焦甜香形成的影响

3.1　材料与方法

3.1.1　土壤采集

采用"S"形取样的方法，去除杂物和浮土，采集0~20 cm表层土壤，每8~10个土样构成1个混合土样。采集时间分别为2017年8月、2018年8月。

3.1.2　土样处理

所取土样进行编号，放于阴暗、干燥、通风处自然风干，风干土样混匀后经四分法分取后，磨细、过筛、装瓶后备用。

3.1.3　土样理化指标测定

土壤样品测定均按照鲍士旦《土壤农化分析》（第二版）中的方法测定。机械组成采用比重计法测定；pH 采用 pH 计测定（水：土＝5：1）；土壤有机质采用重铬酸钾容量法—外加热法测定；全氮采用凯氏消煮—连续流动分析仪测定；碱解氮采用碱解扩散法测定；有效磷采用碳酸氢钠浸提—钼锑抗比色法测定；速效钾采用醋酸铵提取—火焰光度法测定；交换性镁采用醋酸铵浸提—原子吸收分光光度计测定（1N）；有效锌采用DTPA 浸提—原子吸收分光光度计测定；有效硼采用姜黄素法测定；水溶性氯采用硝酸银滴定法测定。

3.1.4 数据分析

采用 Excel 2010 对数据进行整理，采用 SPSS 23.0 对数据进行主成分、简单相关及方差分析。

3.2 结果与分析

3.2.1 土壤机械组成与焦甜香评吸得分的关系

3.2.1.1 土壤机械组成与焦甜香评吸得分的简单相关分析

采用比重计法测定土壤机械组成，按照美国制土壤粒级分级标准进行分级，对各粒级组分含量与烟叶焦甜香评吸得分的简单相关分析结果表明，焦甜香评吸得分与砂粒含量存在极显著正相关，相关系数为 0.898；与粉粒含量存在极显著负相关，相关系数为-0.847；与黏粒含量不存在显著相关性，相关系数为-0.285（表5-20）。

表 5-20　焦甜香评吸得分与土壤机械组成的相关系数

项目	黏粒（<0.002 mm）	粉粒（0.002~0.02 mm）	砂粒（>0.02 mm）
焦甜香评吸得分	-0.285	-0.847**	0.898**

注：** 表示在 0.01 水平上相关性极显著。

3.2.1.2 土壤机械组成与焦甜香评吸得分之间的线性关系

以焦甜香评吸得分为因变量（Y），分别以砂粒含量、粉粒含量及黏粒含量为自变量（X），进行线性回归分析。结果（表5-21、图5-25）显示，焦甜香评吸得分与砂粒含量之间所构成线性方程为 $Y_{焦甜香评吸得分} = 1.608\ 8X_{砂粒含量} + 19.294$，方程解释总体方差的80.69%（$R^2 = 0.806\ 9$），存在极显著正相关线性关系（$P = 0.000$），且在砂粒含量大于30%后，焦甜香评吸得分大于65分，在含量为39.9%时，焦甜香评吸得分达到最大值78.66分，表明适宜高砂粒含量有助于烟叶焦甜香的彰显。

表 5-21　砂粒系数方差检验

变异来源	平方和	自由度	均方	F	显著性
回归	1 209.131	1	1 209.131	75.222	0.000
残差	289.336	23	16.074		
总计	1 498.467	24			

焦甜香评吸得分与粉粒含量之间所构成的线性方程为 $Y_{焦甜香评吸得分} = -1.584\ 6X_{粉粒含量} + 161.37$，方程解释总体方差变异信息的 71.83%（图5-26，$R^2 = -0.718\ 3$），存

在极显著负相关线性关系（表 5-22，$P = 0.000$），当粉粒占比高于 60% 时，焦甜香评吸得分低于 60 分，说明粉粒含量过高，不利于烟叶焦甜香的形成。

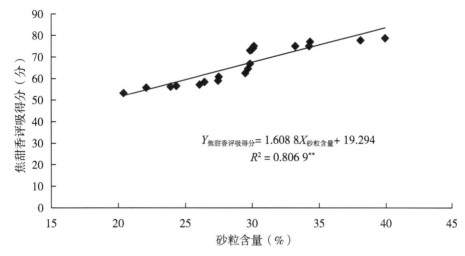

图 5-25 砂粒含量与焦甜香评吸得分的线性关系

表 5-22 粉粒系数方差检验

变异来源	平方和	自由度	均方	F	显著性
回归	1 076. 161	1	1 076. 161	45. 869	0. 000
残差	422. 306	23	23. 461		
总计	1 498. 467	24			

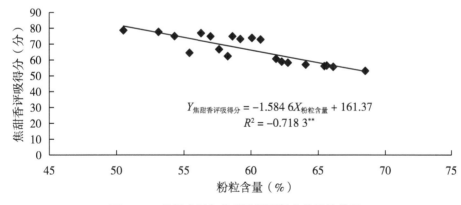

图 5-26 粉粒含量与焦甜香评吸得分的线性关系

焦甜香评吸得分与黏粒含量之间无相关性（表 5-23，$P = 0.224$），所构成方程 $Y_{焦甜香评吸得分} = -1.604\ 4X_{黏粒含量} + 83.823$，仅能解释方程变异信息的 8.09%（图 5-27，$R^2 = -0.080\ 9$），但焦甜香评吸得分随黏粒含量的增加有降低的趋势，表明黏粒含量过高不利于烟叶焦甜香韵的形成。

表5-23　黏粒系数方差检验

变异来源	平方和	自由度	均方	F	显著性
回归	121.326	1	121.326	1.586	0.224
残差	1 377.141	23	76.508		
总计	1 498.467	24			

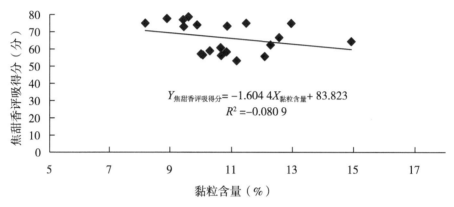

图5-27　黏粒含量与焦甜香评吸得分的线性关系

3.2.1.3　不同焦甜香评吸得分各粒级之间的方差分析

不同焦甜香评吸得分各粒级之间的差异分析结果（表5-24）表明，不同焦甜香评吸得分等级间的黏粒含量无显著差异；粉粒含量随焦甜香评吸得分升高明显下降；而砂粒含量随焦甜香评吸得分升高明显升高。表明砂粒组成含量较高、粉粒含量稍低时，有利于焦甜香评吸得分的提高。

表5-24　不同焦甜香评吸得分各粒级之间的方差分析　　　　　单位：%

焦甜香评吸得分	黏粒（＜0.002 mm）	粉粒（0.002~0.02 mm）	砂粒（＞0.02 mm）
Ⅰ（＞75）	10.08±0.63a	54.96±0.98c	34.96±1.01a
Ⅱ（60~75）	11.51±0.58a	59.02±0.91b	29.47±0.94b
Ⅲ（＜60）	10.72±0.58a	64.96±0.91a	24.36±0.94c

注：同列不同小写字母表示各类型间差异显著（$P<0.05$）。

3.2.2　土壤理化指标与焦甜香评吸得分的关系

3.2.2.1　土壤理化指标的主成分分析

为了从众多土壤理化指标中筛选出与烤烟焦甜香评吸得分相关的指标，对数据进行主成分分析。按照特征值＞1的原则，选取了前5个成分，包含原始数据79.96%的信息，因此，可利用这5个成分作为土壤理化指标的评价因子进行分析（表5-25）。在5个主成分中，成分1的贡献率为36.63%，载荷值＞0.600的指标为全氮、有机质、有效硼、有效磷、碱解氮、全锌、有效锌和水溶性氯；成分2的贡献率为16.45%，交换性钙和交换性镁的载荷值较大；成分3的贡献率为10.88%，其载荷值较大的为有效硫；

成分4的贡献率为9.92%，有效钾和全钾载荷值较大；成分5的贡献率为6.08%，有效铜载荷值较大（表5-26）。

表 5-25　特征值与累积贡献率

成分	特征值	贡献率（%）	累积贡献率（%）
1	6.96	36.63	36.63
2	3.13	16.45	53.08
3	2.07	10.88	63.96
4	1.88	9.92	73.88
5	1.16	6.08	79.96

表 5-26　土壤理化因子主成分特征向量

指标	成分1	成分2	成分3	成分4	成分5
pH	−0.608	0.373	−0.143	0.180	0.286
有效钾	−0.359	−0.404	0.515	0.562	0.190
有效磷	0.798	−0.154	0.356	−0.214	−0.038
碱解氮	0.796	0.425	0.125	0.059	−0.001
有机质	0.821	0.464	0.053	0.105	0.145
全氮	0.843	0.462	0.081	0.047	0.143
全磷	0.774	−0.212	0.351	−0.339	−0.051
全钾	−0.301	−0.464	0.453	0.554	−0.208
全铜	0.245	−0.541	0.183	0.503	0.036
有效铜	−0.075	−0.376	0.317	−0.498	0.432
全锌	0.756	−0.178	−0.312	0.270	0.157
有效锌	0.693	−0.082	−0.297	0.330	0.200
全铁	0.410	−0.571	0.147	−0.377	−0.311
有效铁	0.386	0.143	−0.281	0.140	−0.740
交换性钙	−0.533	0.673	0.322	0.050	−0.059
交换性镁	−0.527	0.659	0.352	0.058	−0.115
有效硼	0.809	0.292	0.033	0.195	0.135
有效硫	−0.047	0.352	0.677	−0.133	−0.121
水溶性氯	0.680	0.118	0.440	0.193	−0.026

3.2.2.2　土壤理化指标与焦甜香评吸得分的简单相关分析

焦甜香评吸得分与土壤理化指标之间的简单相关结果（表5-27）表明，焦甜香评吸得分与全钾、全铜存在显著正相关，与碱解氮、全氮和有效硼存在显著负相关，与其余指标不存在显著相关性。

表 5-27　焦甜香评吸得分与土壤理化指标的相关系数

项目	pH	有效钾	有效磷	碱解氮	有机质	全氮	全磷	全钾	全铜	有效铜
焦甜香评吸得分	0.299	0.366	-0.009	-0.409*	-0.322	-0.313*	-0.151	0.336*	0.323*	0.004

项目	全锌	有效锌	全铁	有效铁	交换性钙	交换性镁	有效硼	有效硫	水溶性氯
焦甜香评吸得分	-0.025	0.136	0.096	-0.134	-0.069	0.034	-0.288*	0.172	0.014

注：＊表示在 0.05 水平上相关系显著。

3.2.2.3　不同焦甜香评吸得分土壤理化指标的差异分析

对 3 类焦甜香评吸得分土壤的 19 项指标进行单因素方差分析的结果（表 5-28）显示，有效钾、有效硫差异显著且表现出Ⅰ＞Ⅱ＞Ⅲ的趋势，而碱解氮表现出Ⅲ＞Ⅱ＞Ⅰ的趋势；有效磷、有机质、全氮、全钾、全铜、全锌和有效硼的差异表现在Ⅰ和Ⅱ及Ⅰ和Ⅲ之间，Ⅱ和Ⅲ之间无显著差异，除全钾外均表现为得分Ⅰ＜Ⅱ。结合以上主成分、简单相关的结果表明，对烤烟焦甜香评吸得分影响的土壤指标顺序为碱解氮＞有效硫＞有效钾。

表 5-28　土壤理化指标的差异分析

指标	焦甜香评吸得分＞75（Ⅰ）	焦甜香评吸得分60~75（Ⅱ）	焦甜香评吸得分＜60（Ⅲ）
pH	6.445±0.351a	6.040±0.237a	5.734±0.320a
有效钾（mg/kg）	144.146±12.182a	124.556±8.213b	115.208±11.120c
有效磷（mg/kg）	28.532±2.881b	30.644±1.942a	29.793±2.630a
碱解氮（mg/kg）	118.521±18.266c	143.491±12.315b	150.929±16.675a
有机质（g/kg）	32.652±4.109b	39.417±2.770a	38.538±3.751a
全氮（g/kg）	0.835±0.080b	0.959±0.054a	0.934±0.073a
全磷（g/kg）	1.045±0.143a	1.129±0.096a	1.266±0.130a
全钾（g/kg）	26.337±3.826a	22.311±2.579b	18.956±3.492b
全铜（mg/kg）	144.329±10.603a	127.150±7.148b	124.669±9.679b
有效铜（mg/kg）	2.939±0.125a	2.915±0.084a	3.017±0.114a
全锌（mg/kg）	222.460±11.381b	238.192±7.673a	233.362±10.389a
有效锌（mg/kg）	11.983±0.340a	11.978±0.229a	11.879±0.311a
全铁（mg/kg）	8.285±0.246a	8.501±0.166a	8.393±0.224a
有效铁（mg/kg）	22.738±0.583a	24.468±0.393a	23.973±0.532a
交换性钙（cmol/kg）	23.48±1.08a	21.72±0.73a	19.80±0.98a
交换性镁（cmol/kg）	2.72±0.45a	2.31±0.30ab	1.75±0.41b
有效硼（mg/kg）	0.318±0.032b	0.371±0.021a	0.384±0.029a
有效硫（mg/kg）	134.773±8.201a	122.711±5.529b	113.534±7.486c
水溶性氯（mg/kg）	16.983±0.858a	17.663±0.578a	17.232±0.783a

注：同行不同小写字母表示各类型间差异显著（P＜0.05）。

3.3 总结

烟叶焦甜香评吸得分与土壤机械组成分析结果表明,焦甜香评吸得分与砂粒含量呈极显著正相关,与粉粒含量呈极显著负相关。对烤烟成熟采收后的土壤理化指标进行主成分、简单相关及方差分析的结果表明,对烤烟焦甜香评吸得分影响的土壤指标顺序为碱解氮>有效硫>有效钾。

4 结论

通过焦甜香评吸得分与生育期内气象因素分析发现:对焦甜香影响最大的因素为成熟中期环境最高气温和成熟前期环境最低气温;生育期内环境温度越高烟叶焦甜香评吸得分越高。

焦甜香评吸得分与海拔存在极显著负相关性,与纬度存在显著负相关性,与经度无显著相关性,表明较高纬度、较高海拔地区不利于焦甜香的形成。

烟叶焦甜香评吸得分与机械组成进行的简单相关分析结果表明,焦甜香评吸得分与砂粒所占百分比存在极显著正相关性,与粉粒所占百分比存在极显著负相关性,与黏粒所占百分比不存在显著相关性。

对烟叶焦甜香影响较大的土壤指标为碱解氮、有效硫和有效钾。

第三节 烤烟焦甜香特征化学成分

1 材料与方法

1.1 材料

26个烤烟材料取自宜宾市兴文县、珙县、筠连县和屏山县,编号YB1~YB26,2个烤烟材料取自湖南省桂阳县(具有典型焦甜香烟叶样品),编号HN1和HN2。品种为云烟87,等级为C3F,每个样品5 kg。烟叶的详细信息见表5-29。

表5-29 烟叶取样信息

编号	取样地点	海拔(m)	焦甜香评吸得分	编号	取样地点	海拔(m)	焦甜香评吸得分
YB1	兴文县周家镇加兴村	898	71.3	YB15	珙县王家镇和平村	886	60.8
YB2	兴文县周家镇加兴村	918	72.5	YB16	珙县王家镇和平村	966	75.0
YB3	兴文县周家镇加兴村	1 083	75.3	YB17	珙县王家镇徐家村	993	75.0
YB4	兴文县仙峰乡群鱼村	1 148	59.0	YB18	珙县王家镇百花村	981	77.0
YB5	兴文县仙峰乡居坪村	1 391	53.3	YB19	筠连县联合苗族乡光明村	1 136	66.7
YB6	兴文县仙峰乡居坪村	1 199	74.0	YB20	筠连县联合苗族乡红村	1 106	67.3
YB7	兴文县九丝城镇坪山村	886	56.3	YB21	筠连县联合苗族乡红村	1 086	71.3

（续表）

编号	取样地点	海拔（m）	焦甜香评吸得分	编号	取样地点	海拔（m）	焦甜香评吸得分
YB8	兴文县大坝苗族乡沙坝村	469	75.0	YB22	筠连县高坝镇高桥村	1 078	74.8
YB9	兴文县大坝苗族乡沙坝村	469	74.0	YB23	筠连县高坝镇高桥村	1 062	71.0
YB10	兴文县大坝苗族乡沙坝村	443	78.7	YB24	筠连县蒿坝镇中山村	1 275	64.5
YB11	珙县底洞镇郭斯村	828	64.5	YB25	屏山县锦屏镇松树村	696	55.7
YB12	珙县洛亥镇高丰村	829	63.5	YB26	屏山县富荣镇青华村	584	54.3
YB13	珙县洛亥镇腊坪村	869	73.0	HN1	湖南省桂阳县春陵江乡余田村	175	88.0
YB14	珙县曹营镇云新村	872	54.3	HN2	湖南省桂阳县和平乡下溪村	250	88.0

1.2 方法

1.2.1 主流烟气成分分析

1.2.1.1 烟支样品卷制

将烤烟样品分别切丝，卷制成直径为 8 mm、长度为（60+24）mm、质量为 0.9 g 左右的烟支，每个样品卷制 50 支卷烟。

1.2.1.2 烟支感官评吸

参照 GB 5606—2005，以湖南省桂阳县典型焦甜香的烟样作为参照，对烟支焦甜香强弱进行评吸并打分，结果见表 5-29。

1.2.1.3 烟支样品燃吸

将烟支置于温度（22±1）℃、相对湿度（60±2）%的环境条件下平衡 48 h。挑选 5 支平均质量±0.15 g 的烟支进行燃吸。利用卷烟主流烟气捕集装置进行烟支抽吸和烟气捕集：每次抽吸持续时间为 3 s，每次抽吸烟气量为 35 mL，频率为 1 次/60 s。

1.2.1.4 烟气捕集与 GC/MS 定性和定量分析

利用盛装二氯甲烷（CH_2Cl_2）的溶剂捕集器进行烟气捕集并萃取。加入内标正十七烷，即为 GC/MS 分析样品液。GC/MS 条件如下。

色谱柱：DB-5MS（30 m×0.25 mm i. d. ×0.25 μm d. f.）毛细管柱。进样口温度：250 ℃。载气：He，1 mL/min。进样量：3 μL，不分流。升温程序：50 ℃（2 min），3 ℃/min，150 ℃（2 min），2 ℃/min；240 ℃（5 min）。接口温度：250 ℃。电离方式：EI。离子源温度：200 ℃。电离能量：70 eV。扫描范围：30~400 amu。

烟气成分总离子流图（TIC）采用岛津 GC/MS 工作站 GC/MS Postrun Analysis 进行数据分析。检索 NIST05/NIST05s 谱库进行定性，选择匹配度大于 80% 的成分，采用峰面积归一化相对定量法进行定量。

1.2.2 烟叶挥发性物质成分测定

1.2.2.1 样品处理

将烟叶样品在 50 ℃烘箱中烘干去梗后，用粉样机进行粉磨，过 0.25 mm 筛，备用。

1.2.2.2　样品物质提取

称取 10.0 g 烟末样品、40 g 氯化钠、250 mL 蒸馏水于圆底烧瓶中，量取 15 mL 二氯甲烷于有机溶剂容器内，采用改良后的单热源同时蒸馏萃取装置，进行烟叶挥发性物质的提取，蒸馏萃取的最佳时间为 3 h。

将萃取液转移至广口磨砂瓶，加入 5 g 无水硫酸钠，干燥过夜后，再过滤转移至 50 mL 可立式离心管中，封口扎孔，于通风橱中进行挥干，加入 2 mL 二氯甲烷复溶，超声振荡 5 s，用 5 mL 一次性注射器吸取后。加上有机相滤膜过滤至 2 mL 棕色进样瓶中，进行 GC-MS 检测。

1.2.2.3　GC-MS 及物质分析

色谱柱、升温程序、质谱条件及挥发性物质的分析同 1.2.1.4。

1.2.3　数据分析

采用 Excel 2010 进行数据整理，采用 SIMCA 13.0 进行数据主成分分析（PCA）及正交偏最小二乘法（OPLS）分析，分析前对原始数据进行 Log 转换和 UV 缩放；采用 SPSS 23.0 进行方差分析。

2　结果与分析

2.1　主流烟气特征成分分析

2.1.1　主流烟气化学成分分析

28 个烤烟样品单料烟支的主流烟气经 GC/MS 分析后，共鉴定出 85 种释放量较大的化学成分，包括酮类 22 种、醇类 8 种、醛类 3 种、酯类 12 种、酚类 8 种、烷烃类 14 种、杂环化合物 8 种、芳香化合物 7 种、有机酸 3 种，详见表 5-30。

表 5-30　主流烟气成分保留时间及定性

编号	保留时间（s）	物质名称	匹配度（%）	编号	保留时间（s）	物质名称	匹配度（%）
1	5.14	2-丁酮	92	12	16.68	2-甲基环戊酮	95
2	5.27	乙酸乙酯	97	13	16.82	对二甲苯	87
3	8.48	2-戊酮	95	14	17.02	糠醛	90
4	8.62	羟基丙酮	95	15	17.47	3-甲基吡啶	95
5	8.86	3-戊烯-2-醇	94	16	18.28	邻二甲苯	95
6	11.60	丙酸	96	17	18.33	苯乙烯	89
7	13.70	丙酮酸乙酯	91	18	19.10	糠醇	95
8	14.10	环戊酮	92	19	19.52	乙酸基丙酮	95
9	15.30	(S)-(+)-2-己醇	93	20	20.70	2-甲基-2-环戊烯-1-酮	94
10	15.50	丙酮酸甲酯	94	21	21.01	4-环戊烯-1,3-二酮	86
11	16.40	乙苯	95	22	21.30	2-乙酰基呋喃	96

（续表）

编号	保留时间（s）	物质名称	匹配度（%）	编号	保留时间（s）	物质名称	匹配度（%）
23	23.31	3,3,6-三甲基-1,5-庚二烯	93	50	36.47	2-甲氧基-4-甲基苯酚	81
24	23.61	4-乙烯基吡啶	89	51	37.57	3-乙基苯酚	89
25	23.85	γ-丁内酯	87	52	37.96	5,6-二氢-2H-吡喃-2-酮	81
26	23.94	均三甲苯	92	53	38.94	三羟甲基丙烷	85
27	24.10	2(5H)-呋喃酮	90	54	39.63	1,4:3,6-二脱水-α-D-吡喃葡萄糖	86
28	24.55	5-甲基呋喃醛	93	55	40.18	乙酸松油酯	89
29	24.66	(+)-对-薄荷-1-烯	89	56	41.07	2,3-二氢苯并呋喃	88
30	25.18	右旋柠檬烯	93	57	41.30	1-茚酮	92
31	25.81	2,3-二甲基-2-环戊-1-烯酮	86	58	41.50	(S)-5-羟甲基二氢呋喃-2-酮	84
32	27.33	茚	87	59	41.80	5-羟甲基糠醛	93
33	28.16	甲基环戊烯醇酮	97	60	42.70	4-羟基-2-甲基苯乙酮	85
34	28.74	苯酚	97	61	42.85	1-十三烯	95
35	29.46	3-乙基-2-羟基-2-环戊烯-1-酮	90	62	42.97	十四烷	96
36	29.60	2,3,4-三甲基-2-环戊烯-1-酮	91	63	43.26	烟碱	98
37	30.05	3-羟基二氢-2(3H)-呋喃酮	87	64	44.18	三乙酸甘油酯	85
38	30.94	2,5-二甲基-4-羟基-3(2H)-呋喃酮	93	65	45.75	法尼醇	80
39	31.16	愈创木酚	87	66	45.89	对苯二酚	91
40	31.68	邻甲酚	86	67	46.23	金合欢醇	90
41	32.53	丁位十一内酯	81	68	51.05	植烷醇	93
42	32.76	2-吡咯烷酮	82	69	52.52	十六烷	94
43	33.16	对甲苯酚	95	70	53.75	2,3′-联吡啶	94
44	33.36	四聚丙烯	93	71	56.10	巨豆三烯酮	84
45	33.52	十二烷	96	72	56.69	邻苯二甲酸二乙酯	84
46	34.09	羟甲基环丙烷	84	73	57.99	2,6,10,14-四甲基十五烷	92
47	34.89	2,3-二氢-3,5二羟基-6-甲基-4(H)-吡喃-4-酮	93	74	59.46	乙酸-3,7,11,15-四甲基十六酯	89
48	35.24	萘	90	75	62.56	1-十九烯	94
49	35.99	2,5-二甲基苯酚	95	76	65.17	植醇	89

（续表）

编号	保留时间（s）	物质名称	匹配度（%）	编号	保留时间（s）	物质名称	匹配度（%）
77	66.02	菲	80	82	80.41	莨菪亭	86
78	69.43	(6E,10E,14E,18E)-2,6,10,15,19,23-六甲基-2,6,10,14,18,22-二十四碳六烯	92	83	82.15	亚油酸	86
79	70.41	棕榈酸甲酯	92	84	83.61	硬脂酸	92
80	74.56	L-(+)-抗坏血酸 2,6-癸酸二酯	92	85	88.09	乙酰柠檬酸三丁酯	89
81	79.97	(1S,2E,4S,6R,7E,11E)-2,7,11-西柏三烯-4,6-二醇	81				

2.1.2　烟气成分 PCA 分析

对 28 个烟叶样品主流烟气成分进行 PCA 分析，结果见图 5-28。可知，具有焦甜香的样品分布在第一、第二和第三象限，无焦甜香的样品分布在第四象限。

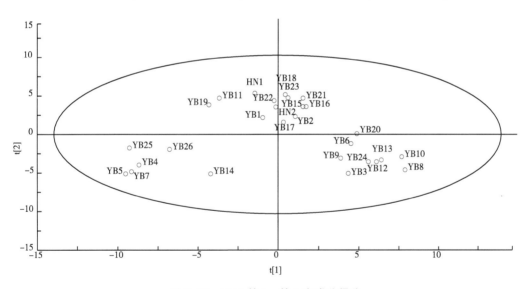

图 5-28　PCA 第 1、第 2 主成分得分

2.1.3　烟气成分 OPLS 分析

为分析主流烟气成分与焦甜香间的关系，对主流烟气进行了 OPLS 分析。主流烟气成分与焦甜香的相关性预测见图 5-29。由图 5-29 可知，两者的相关性较强，回归方程为 $Y=0.948X-3.313\mathrm{e}{-008}$，回归系数 $R^2=0.948$，误差值范围为 2.35～5.76，结果可靠。焦甜香强度沿 X 轴从左到右依次递增，说明主流烟气物质成分间的差异可以将不同焦甜香强弱的样品彼此分离（图5-30）。由表5-31可知，共提取4个主成分，解释了 X 变量信息的61.9%，解释了 Y 变量94.8%的信息，累积 Q^2 为0.616。采用交叉验证方差分析检验了分析的可靠性，$F=3.815$，$P=0.008$，小于0.05，表明OPLS分析在统计上有效（表5-32）。

表5-31　主流烟气 OPLS 统计结果

预测主成分数	正交主成分数	R^2（X）	R^2（Y）	Q^2
1	3	0.619	0.948	0.616

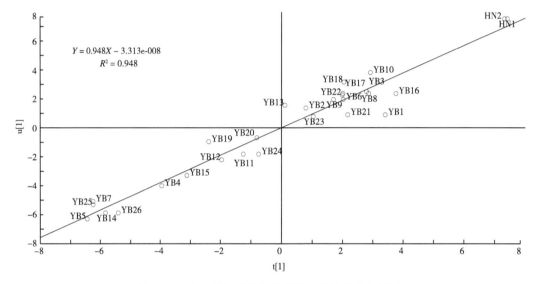

图5-29　主流烟气成分与焦甜香相关性的观察预测

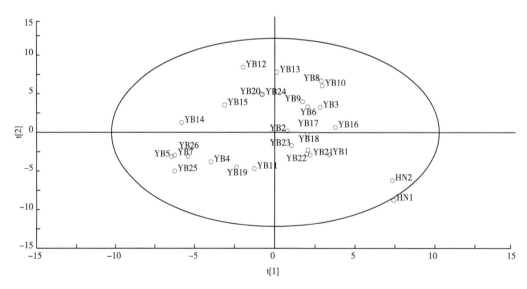

图5-30　主流烟气 OPLS 第1、第2主成分得分

表 5-32 主流烟气 OPLS 交叉验证方差分析结果

项目	平方和	自由度	均方	F	显著性
总相关	27	27	1		
回归	16.641	8	2.080	3.815	0.008
剩余方差	10.359	29	0.545		

2.1.4 焦甜香特征烟气成分分析

OPLS 的载荷图和 VIP 值见图 5-31 和图 5-32。由图 5-32 可筛选出 VIP 值大于 1.5 的 12 种烟气成分，分别为 18 号（糠醇）、33 号（甲基环戊烯醇酮）、34 号（苯酚）、40 号（邻甲酚）、43 号（对甲苯酚）、47 号（2,3-二氢-3,5 二羟基-6-甲基-4（H）-吡喃-4-酮）、51 号（3-乙基苯酚）、56 号（2,3-二氢苯并呋喃）、60 号（4-羟基-2-甲基苯乙酮）、67 号（金合欢醇）、68 号（植烷醇）和 75 号（1-十九烯）。结合表 5-33 的方差分析结果可知，除 56 号外，其余主流烟气成分的含量在焦甜香评吸得分大于 70 的样品中均显著高于焦甜香评吸得分小于 60 的样品。其中 40 号、47 号、51 号、60 号、68 号、75 号在湖南和宜宾焦甜香样品中的含量无明显差异，而宜宾焦甜香样品中的 18 号、33 号、34 号、43 号和 67 号主流烟气成分含量显著高于湖南样品。

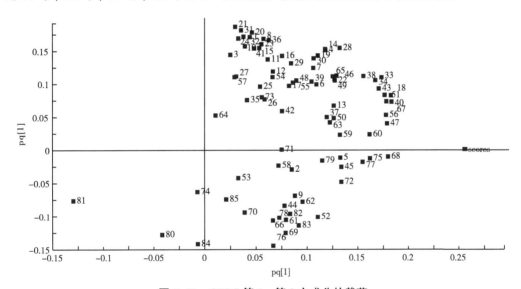

图 5-31 OPLS 第 1、第 2 主成分的载荷

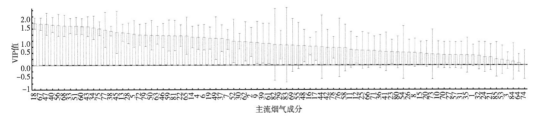

图 5-32 OPLS 的 VIP 值

表 5-33　VIP 值大于 1.5 的烟气成分比较分析

类型	主流烟气成分编号					
	18	33	34	40	43	47
焦甜香评吸得分≥70	0.016 0a	0.012 1a	0.049 5a	0.010 2a	0.024 1a	0.020 6a
湖南样品	0.005 7b	0.006 3b	0.016 7b	0.008 9a	0.008 9b	0.023 9a
焦甜香评吸得分＜60	0.000 0c	0.000 6c	0.002 9c	0.000 7b	0.000 7c	0.003 8b

类型	主流烟气成分编号					
	51	56	60	67	68	75
焦甜香评吸得分≥70	0.001 8a	0.006 0a	0.003 1a	0.004 7a	0.003 5a	0.003 1a
湖南样品	0.002 5a	0.003 6ab	0.004 3a	0.002 7b	0.002 3a	0.002 7a
焦甜香评吸得分＜60	0.000 0b	0.001 0b	0.000 1b	0.000 2c	0.000 0b	0.000 0b

注：同列不同小写字母表示各类型间差异显著（$P<0.05$）。

2.2　烟叶挥发性成分分析

2.2.1　挥发性成分分析

28 个烤烟样品的挥发性成分经 GC/MS 分析后，共鉴定出 54 种释放量较大的化学成分，包括酮类 12 种、醇类 13 种、醛类 6 种、酯类 7 种、酚类 1 种、烷烃类 8 种、杂环化合物 6 种、有机酸 1 种，详见表 5-34。

表 5-34　挥发性成分保留时间及定性

编号	保留时间（s）	物质名称	匹配度（%）	编号	保留时间（s）	物质名称	匹配度（%）
1	6.23	乙酸乙酯	98	13	34.97	苯乙醇	87
2	7.73	2-氯-2-甲基丁烷	92	14	35.19	1-十二烯	94
3	8.45	3-甲基-2-丁酮	92	15	37.83	葵醛	88
4	10.09	3-戊烯-2-醇	93	16	39.73	2,4-二甲基苯甲醛	95
5	16.88	(S)-(+)-2-己醇	93	17	40.92	2-异丙基-5-甲基-1-庚醇	82
6	18.55	对二甲苯	94	18	42.87	2,3-二氢苯并呋喃	88
7	18.73	糠醛	90	19	43.44	2,4,6-三甲基苯甲醛	84
8	30.70	苯乙醛	88	20	43.63	S-β-羟基-γ-丁内酯	84
9	31.07	苯甲醇	92	21	43.71	2,6,11-三甲基十二烷	87
10	32.59	芳樟醇	93	22	44.74	1-十三烯	84
11	32.91	2-乙酰基吡咯	85	23	45.34	烟碱	97
12	34.49	(1-甲基庚烷基)-苯	96	24	45.89	茄酮	89

（续表）

编号	保留时间（s）	物质名称	匹配度（%）	编号	保留时间（s）	物质名称	匹配度（%）
25	47.12	大马士酮	96	40	62.09	四氢薰衣草醇	84
26	47.92	植烷	91	41	62.94	（乙酰）柠檬酸三乙酯	90
27	48.85	4-（2,6,6-三甲基-1,3-环己二烯-1-基）-2-丁酮	84	42	65.18	2-1-羟基环己基苯基甲酮	90
28	50.09	香叶基丙酮	91	43	67.87	叶绿醇	90
29	51.21	2,3,5,8-四甲基癸烷	81	44	68.97	3,5-二叔丁基对羟基苯甲醛	81
30	52.78	β-紫罗兰酮	88	45	70.09	植酮	84
31	54.16	α-异甲基紫罗兰酮	86	46	72.96	邻苯二甲酸二异丁酯	85
32	54.78	2,4-二叔丁基苯酚	95	47	73.18	棕榈酸甲酯	89
33	55.36	镰叶芹醇	82	48	74.16	法尼基丙酮	90
34	55.55	姥鲛烷	81	49	75.14	二十七烷醇	90
35	56.13	植醇	86	50	75.08	1-二十三烯	96
36	57.30	6-甲氧基-3-甲基苯并呋喃	89	51	77.60	邻苯二甲酸二丁酯	86
37	58.78	巨豆三烯酮A	89	52	80.49	芳樟异戊酸	92
38	59.44	二氢猕猴桃内酯	92	53	82.21	蓝桉醇	86
39	61.56	巨豆三烯酮B	86	54	83.12	橙花叔醇	82

2.2.2　挥发性成分 PCA 分析

对 28 个烟叶样品的挥发性成分进行 PCA 分析，结果见图 5-33。焦甜香烟叶样品和无焦甜香样品的分布没有明显规律。

2.2.3　挥发性成分 OPLS 分析

为分析挥发性成分与焦甜香间的关系，对挥发性成分进行了 OPLS 分析。挥发性成分与焦甜香相关性预测见图 5-34。由图 5-34 可知，两者的相关性较强，回归方程为 $Y=X+4.828e-006$，回归系数 $R^2=0.876$，误差值范围为 3.54~6.42，结果可靠。焦甜香强度沿 X 轴从左到右依次递增，说明挥发性成分间的差异可以将不同焦甜香强弱的样品彼此分离（图 5-35）。由表 5-35 可知，共提取 3 个主成分，解释了 X 变量信息的 44.3%，解释了 Y 变量信息的 87.6%，累积 Q^2 为 0.523。采用交叉验证方差分析检验了分析的可靠性，$F = 3.839$，$P = 0.009$，小于 0.05，表明 OPLS 分析在统计上有效（表 5-36）。

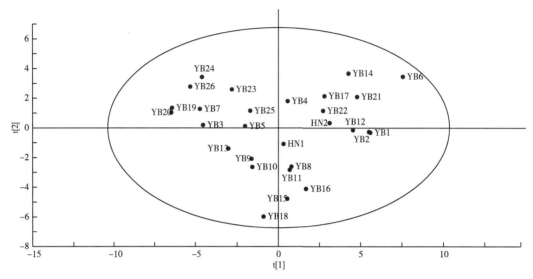

图 5-33　PCA 第 1、第 2 主成分得分

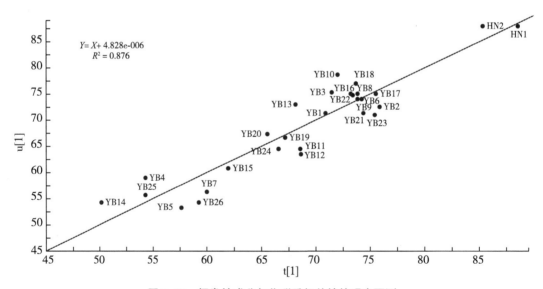

图 5-34　挥发性成分与焦甜香相关性的观察预测

表 5-35　挥发性成分 OPLS 统计结果

预测主成分数	正交主成分数	R^2（X）	R^2（Y）	Q^2
1	2	0.443	0.876	0.523

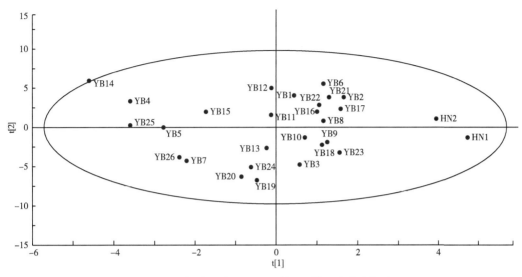

图 5-35　挥发性成分 OPLS 第 1、第 2 主成分得分

表 5-36　挥发性成分 OPLS 交叉验证方差分析结果

项目	平方和	自由度	均方	F	显著性
总相关	27	27	1		
回归	14.124	6	2.354	3.839	0.009
剩余方差	12.876	21	0.613		

2.2.4　焦甜香特征挥发性成分分析

OPLS 的载荷和 VIP 值见图 5-36 和图 5-37。由图 5-37 可筛选出 VIP 值大于 1.5 的 6 种挥发性成分，分别为 32 号（2,4-二叔丁基苯酚）、25 号（大马士酮）、24 号（茄酮）、28 号（香叶基丙酮）、27 号 [4-（2,6,6-三甲基-1,3-环己二烯-1-基）-2-丁酮] 和 20 号（S-β-羟基-γ-丁内酯）。结合表 5-37 可知，20 号（S-β-羟基-γ-丁内酯）为湖南焦甜香烟叶特征挥发性成分，24 号（茄酮）、25 号（大马士酮）、28 号（香叶基丙酮）和 32 号（2,4-二叔丁基苯酚）为湖南和宜宾焦甜香烟叶共有的特征挥发性成分，而 27 号 [4-（2,6,6-三甲基-1,3-环己二烯-1-基）-2-丁酮] 为宜宾焦甜香烟叶的特征挥发性成分。

表 5-37　VIP 值大于 1.5 的挥发性成分比较分析

类型	挥发性物质编号					
	20	24	25	27	28	32
焦甜香评吸得分≥70	0.000 9b	0.064 1b	0.074 4a	0.035 1a	0.007 3a	0.104 1b
湖南样品	0.005 8a	0.102 8a	0.055 4a	0.026 4ab	0.006 0a	0.165 6a
焦甜香评吸得分<60	0.000 0b	0.030 8c	0.012 3b	0.016 6b	0.002 7b	0.026 5c

注：同列不同小写字母表示各类型间差异显著（$P<0.05$）。

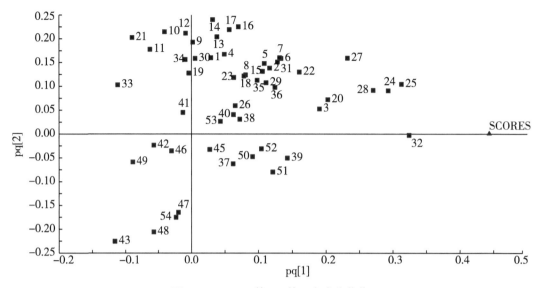

图 5-36　OPLS 第 1、第 2 主成分载荷

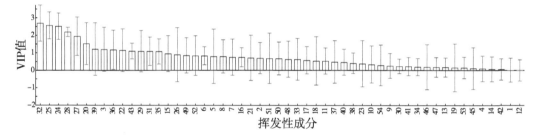

图 5-37　OPLS 的 VIP 值

3　结论

本次试验通过对四川省宜宾市烤烟进行感官质量评价，定位宜宾市焦甜香特色种植区，进而分析其焦甜香特色与主流烟气成分、挥发性物质成分之间的相关性，明晰影响宜宾市烤烟焦甜香的特色物质。

通过对烟支主流烟气成分进行 GC-MS 物质定性分析，共检测到 95 种物质成分。对烟气成分与烤烟焦甜香特色进行 OPLS 建模回归分析，结果表明，两者关系为 $Y = 0.948X - 3.313e\text{-}008$，回归系数 $R^2 = 0.948$；其中糠醇、苯酚、2-甲基苯酚、2-呋喃甲酸-4-十五烷基酯、2-甲氧基-4-甲基苯酚、3-乙基苯酚、2,3-二氢苯并呋喃、5-羟甲基糠醛、烟碱、茄酮、金合欢醇和棕榈酸甲酯共 12 种物质与宜宾市烤烟焦甜香特色密切相关，主要为酚类化合物。

通过对烟叶化学香气物质成分进行 GC-MS 物质定性分析，共检测到 70 种物质，对香气物质成分与烤烟焦甜香特色进行 OPLS 建模回归分析。结果表明，两者关系为 $Y=X+4.828e\text{-}006$，回归系数 $R^2=0.876$。其中，5-羟甲基二氢呋喃-2-酮、茄酮、3-松油烯-1-醇、大马士酮、脱氢二氢-β-紫罗兰酮、香叶基丙酮、α-异甲基紫罗兰酮、2,4-二叔丁基苯酚、1-二十三烯和4,8,13-杜伐三烯-1,3-二醇共 10 种物质与宜宾市烤烟焦甜香特色密切相关，主要为萜类化合物。

第四节　宜宾烤烟致香前体物质与烟叶质量的关系

1　材料与方法

1.1　实验材料

烟叶样品取自四川省宜宾市兴文县、珙县、筠连县和屏山县等，共计 45 个，烤烟品种为云烟 87，烟叶样品等级均为 C3F，每个样品均采取 3 kg。其中兴文县周家镇共 10 个样品，编号为 7-3、7-6、7-7、7-9、7-10、8-1、8-2、8-3、8-5、8-6；兴文县仙峰乡共 10 个样品，编号为 7-11、7-12、7-14、7-15、7-16、8-7、8-8、8-10、8-11、8-12；兴文县大坝苗族乡共 6 个样品，编号为 7-24、7-25、7-26、8-16、8-17、8-18；兴文县大河乡共 2 个样品，编号为 7-22、8-14；珙县底洞镇共 2 个样品，编号为 7-27、8-19；珙县罗渡镇共 1 个样品，编号为 7-29；珙县洛亥镇共 4 个样品，编号为 7-30、7-32、8-21、8-23；珙县曹营镇共 2 个样品，编号为 7-33、8-24；珙县王家镇共 4 个样品，编号为 7-35、7-36、8-27、8-28；兴文县毓秀乡共 1 个样品，编号为 7-20；筠连县大雪山镇共 1 个样品，编号为 7-40；筠连县蒿坝镇共 1 样品，编号为 7-51；宜宾市屏山县新市镇共 1 个样品，编号为 7-60。

1.2　实验方法

1.2.1　游离氨基酸测定方法

1.2.1.1　前处理方法

称取适量样品约 1.000 g 于 10 mL 的容量瓶中，加盐酸 8 mL，涡旋 5 min，超声提取 10 min，混匀定容至 10 mL，静置 2 h，取 5 mL 溶液 4 000 r/min 离心 10 min，移取 1 mL 上清液，加入 1 mL 磺基水杨酸，然后依次加入 1 mol/L 三乙胺乙腈溶液 250 μL、0.1 mol/L 异硫氰酸苯酯乙腈溶液 250 μL，放置 1 h 后加 2 mL 正己烷，振摇 10 min 后取下层溶液经水相滤膜过滤后上机分析。

1.2.1.2　仪器方法

高效液相色谱仪色谱柱：C18。SHISEIDO：4.6 mm×250 mm×5 μm。进样量：10 μL。柱温：40 ℃。波长：254 nm。流动相 A：0.1 mol/L 无水乙酸钠：乙腈＝97：3，混匀后调 pH 至 6.5（31.815 g 乙酸钠+3 880 mL 水+120 mL 乙腈）。流动相 B：乙腈：水＝80：20。流动相梯度见表 5-38。

表 5-38　流动相梯度

时间（min）	流速（mL/min）	流动相 A（%）	流动相 B（%）
0.0	1.0	100	0
14.0	1.0	85	15
29.0	1.0	66	34
30.0	1.0	0	100
37.0	1.0	0	100
38.0	1.0	100	0
45.0	1.0	100	0

1.2.2　多酚测定方法

1.2.2.1　样品前处理

取调制后的干烟叶于粉碎机中粉碎，过 0.25 mm 筛后，装入磨砂广口瓶中备用。称取约 0.200 0 g 于 100 mL 锥形瓶，加入甲醇（80%）溶液 25 mL，加入抗坏血酸（5 g/L），称量，超声萃取 20 min，冷却，补充质量至原称量值，过有机相滤膜抽滤。移取浸提液 2 mL，有机相针头过滤器过滤，进样 5.0 μL 分析。

1.2.2.2　色谱分析条件

液相色谱仪色谱柱为 Beckman Coulter USH ODS（4.6 mm×250 mm×5 μm）；流动相 A 为甲醇，流动相 B 为超纯水，按 0 min（20%A+80%B）、18 min（60%A+40%B）、30 min（80%A+20%B）、35 min（20%A+80%B）、43 min（20%A+80%B）极性递减的梯度条件，流速为 0.5 mL/min，进样体积为 5.0 μL，柱温为 30 ℃。

检测波长：预实验时采用 345 nm 作为检测波长，同时采集多酚浸提液样品的全波长（200~400 nm）吸收三维光谱信息，并分析，选择检出色谱峰最多且各组分都有较强的吸收、整体图谱较为匀称、谱峰间距适中、基线平滑的波长为本次实验的检测波长。本实验最终确定 340 nm 为本次实验的最佳检测波长。

烟样多酚类物质含量 =［（该类物质标准品的配制浓度×进样量/标准品色谱峰面积）×烟样色谱峰面积］/（烟样的配制浓度×进样量）　　　　　　　　　　　（5-3）

1.2.3　烟样脂肪酸测定方法

1.2.3.1　前处理方法

烟样水解：称取试样约 0.500 g，加入约 0.100 g 焦性没食子酸，再加入 2 mL 95% 乙醇，混匀后加入盐酸溶液 10 mL。然后将烧瓶放入 75 ℃ 左右的水浴中水解 40 min，取出烧瓶冷却至室温。

脂肪提取：在水解后的试样中加入 10 mL 95% 乙醇，再将烧瓶中的水解液转移到分液漏斗中。振摇 5 min，静置 10 min。将提取液收集到 250 mL 烧瓶中，重复提取 3 次，最后用乙醚、石油醚混合液冲洗分液漏斗，并收集到烧瓶中，蒸干，再置 100 ℃ 烘箱中干燥 2 h。

脂肪的皂化及脂肪酸甲酯化：在上述提取物中加入氢氧化钠-甲醇溶液，85 ℃ 水浴 30 min 后加入 3 mL 三氟化硼甲醇溶液，水浴 30 min。冷却后在离心管中加入 1 mL 正己烷，振荡 2 min，静置 1 h。取上清液 100 μL，正己烷定容至 1 mL。滤膜过膜后，上机测试。

1.2.3.2　仪器方法

气相色谱仪色谱柱：TG-5MS。升温程序：80 ℃ 1 min，10 ℃/min 的速率升温至 200 ℃，5 ℃/min 的速率升温至 250 ℃，最后 2 ℃/min 的速率升到 270 ℃，保持 3 min。进样口温度：290 ℃。载气流速：1.2 mL/min。分流比：不分流。离子源温度：280 ℃。传输线温度：280 ℃。溶剂延迟时间 5 min。扫描范围：30～400 amu。离子源：EI 源（70 eV）。

1.2.3.3　计算公式

样品各脂肪酸的含量按公式计算：

$$W = \frac{C \cdot V \cdot N}{m} \cdot k \tag{5-4}$$

式中，W 为试样中各脂肪酸的含量，mg/kg；C 为试样测定液中脂肪酸甲酯的浓度，mg/L；V 为定容体积，mL；k 为各脂肪酸甲酯转换为脂肪酸的换算系数，见表 5-39；N 为稀释倍数；m 为试样的称样质量，g。

表 5-39　各脂肪酸种类及脂肪酸甲酯转换为脂肪酸换算系数

序号	脂肪酸名称	简写	k 转换系数	序号	脂肪酸名称	简写	k 转换系数
1	辛酸	C8:0	0.911 4	19	花生酸	C20:0	0.957 0
2	葵酸	C10:0	0.924 7	20	γ-亚麻酸	C18:3n6	0.952 0
3	十一碳酸	C11:0	0.930 0	21	二十碳一烯酸	C20:1	0.956 8
4	月桂酸	C12:0	0.934 6	22	α-亚麻酸	C18:3n3	0.952 0
5	十三碳酸	C13:0	0.938 6	23	二十一碳酸	C21:0	0.958 8
6	肉豆蔻酸	C14:0	0.942 1	24	二十碳二烯酸	C20:2	0.956 5
7	肉豆蔻油酸	C14:1n5	0.941 7	25	二十二碳酸	C22:0	0.960 4
8	十五碳酸	C15:0	0.945 3	26	二十碳三烯酸	C20:3n6	0.956 2
9	十五碳一烯酸	C15:1n5	0.944 9	27	芥酸	C22:1n9	0.960 2
10	棕榈酸	C16:0	0.948 1	28	二十碳三烯酸	C20:3n3	0.956 2
11	棕榈油酸	C16:1n7	0.947 7	29	花生四烯酸	C20:4n6	0.956 0
12	十七碳酸	C17:0	0.950 7	30	二十三碳酸	C23:0	0.962 0
13	十七碳一烯酸	C17:1n7	0.950 3	31	二十二碳二烯酸	C22:2n6	0.960 0
14	硬脂酸	C18:0	0.953 0	32	二十四碳酸	C24:0	0.996 3
15	反式油酸	C18:1n9t	0.952 7	33	二十碳五烯酸	C20:5n3	0.955 7
16	油酸	C18:1n9c	0.952 7	34	二十四碳一烯酸	C24:1n9	0.963 2
17	反式亚油酸	C18:2n6t	0.952 4	35	二十二碳六烯酸甲酯	C22:6n3	0.959 0
18	亚油酸	C18:2n6c	0.952 4				

1.2.4　果胶类物质测定方法

1.2.4.1　预处理

称取适量试样约 0.500 g 于离心管中，加入 75 ℃左右的无水乙醇，85 ℃水浴

10 min。冷却，加无水乙醇定容到 50 mL，4 000 r/min 离心 15 min，弃上清液，反复操作后直至上清液不含有糖分。糖分测定：取上清液 0.5 mL 加入 5% α-萘酚的乙醇溶液 2 滴，溶液混浊，然后慢慢加入 1 mL 硫酸，若不产生紫红色色环，则上清液不含有糖分，保留该沉淀。同时做试剂空白实验。

1.2.4.2　果胶提取液的制备

将上述制备出的沉淀，用硫酸溶液洗入三角瓶中在 85 ℃下水浴，摇荡冷却后移瓶，用硫酸溶液定容，过滤，保留滤液。

1.2.4.3　标准曲线的绘制

吸取 0.0 mg/L、20.0 mg/L、40.0 mg/L、60.0 mg/L、80.0 mg/L、100.0 mg/L 半乳糖醛酸标液于 25 mL 玻璃试管中，加咔唑乙醇溶液产生白色絮淀，再快速加 5 mL 硫酸，85 ℃水浴振荡器内水浴 20 min，取出后迅速冷却，在 1.5 h 内，用分光光度计测定标准溶液的吸光度，吸光度值为纵坐标，以半乳糖醛酸浓度为横坐标，绘制标准曲线。

1.2.4.4　样品的测定

吸取滤液于 25 mL 试管中，加入 0.25 mL 咔唑乙醇溶液，同标液显色方法进行显色，在 1.5 h 内，用分光光度计在 525 mm 处测定其吸度，根据标准曲线计算出滤液中果胶含量，以半乳糖醛酸计算，按上述方法同时做空白实验进行调零。

1.2.5　纤维素类物质测定方法

称取 1.00 g 左右样品（m），置于恒重的锥形瓶（m_1）中，放到 100 ℃烘箱中，烘至恒重（m_2），在干燥器中冷却至室温，称重，加入 100 mL 2 mol/L 的盐酸，105 ℃保温 48 min，用恒重后的砂芯漏斗（m_3）抽滤，直至滤液呈中性，再用 95%乙醇、无水乙醇、丙酮依次抽滤两次，放 60 ℃烘箱烘至恒重（m_4），在干燥器中冷却至室温，称重。把残渣用 15 mL 左右的 72%硝酸水解 3 h，加 135 mL 左右的水，室温过夜，次日用恒重的砂芯漏斗（m_3）过滤，直至滤液呈中性，于 60 ℃烘箱中烘至恒重（m_5），在干燥器中冷却至室温，称重计算。

半纤维素含量计算公式：

$$X(\%) = \frac{\left[(m_2 - m_1) - (m_4 - m_3)\right]}{m} \times 100 \tag{5-5}$$

纤维素含量计算公式：

$$X(\%) = \frac{(m_4 - m_5)}{m} \times 100 \tag{5-6}$$

1.2.6　烟叶质量分析方法

1.2.6.1　外观质量分析

以我国现行的 42 级国标为标准进行。烟叶外观质量评价体系构建指标为 6 项，依次为颜色、成熟度、叶片结构、身份、油分和色度。

1.2.6.2　感官质量

烟叶的感官质量测定指标包括香型、香气质、香气量、杂气、余味、刺激性、柔和程度、干燥感、细腻程度、圆润度等。将烟叶切成宽度为 0.8 mm 的烟丝，在温度 22 ℃、相对湿度 60%的恒温箱中平衡水分 48 h，然后卷制成单料烟由评吸专家进行打分，参照 GB 5606—2005 进行。

1.3　数据分析处理

利用 Excel 2010 对数据进行整理和描述性分析。

2　结果与分析

2.1　烟草氨基酸与烟叶质量的关系分析

2.1.1　氨基酸的描述性分析

将全部烤烟烟叶样品中测得的氨基酸数据进行描述性分析，结果见表 5-40。脯氨酸的含量最多，其次为胱氨酸、甘氨酸和苯丙氨酸，总体上烤烟烟叶中游离氨基酸含量较少且不同种类含量差异较大。除天冬氨酸、胱氨酸和丝氨酸的变异系数大于 0.05 外，其余各项游离氨基酸的变异系数都较小。天冬氨酸、丝氨酸和蛋氨酸的峰度系数<0，数据分布相对平坦，为比较分散的低阔峰；其余指标的峰度系数>0，数据分布较陡峭，为相对集中的高狭峰。各指标的偏度系数均大于 0，表现为右偏态峰。胱氨酸、精氨酸、缬氨酸和赖氨酸偏度都>1，呈高度偏态分布；脯氨酸和蛋氨酸的偏度<0.5，呈低度偏态分布；其他的氨基酸为中度偏态分布。

表 5-40　烤烟烟叶氨基酸数据描述性分析

氨基酸名称	最小值（mg/kg）	最大值（mg/kg）	平均值（mg/kg）	中位数（mg/kg）	标准误差（mg/kg）	变异系数	峰度系数	偏度系数
天冬氨酸	2.9	91.3	33.7	29.5	3.3	0.10	-0.4	0.7
谷氨酸	29.4	37.6	33.3	33.1	0.3	0.01	0.4	0.6
胱氨酸	89.0	353.3	117.3	101.4	8.1	0.07	14.8	3.8
丝氨酸	36.8	127.3	71.6	62.8	3.9	0.05	-0.4	0.9
甘氨酸	198.3	331.3	249.0	247.6	4.4	0.02	0.3	0.5
组氨酸	44.2	59.8	51.4	50.9	0.5	0.01	0.2	0.6
精氨酸	39.0	48.8	41.9	41.7	0.2	0.01	7.4	1.8
苏氨酸	23.4	41.3	29.6	29.3	0.5	0.02	1.6	0.7
丙氨酸	62.3	79.9	69.8	69.4	0.6	0.01	1.1	1.0
脯氨酸	5 400.1	11 088.3	8 048.7	8 079.6	183.4	0.02	0.6	0.3
酪氨酸	45.3	70.9	54.4	53.0	0.8	0.01	1.1	0.9
缬氨酸	41.5	51.2	44.2	43.9	0.3	0.01	3.0	1.4
蛋氨酸	54.7	75.8	64.4	63.0	0.8	0.01	-0.6	0.3
异亮氨酸	56.2	75.3	63.2	62.4	0.6	0.01	0.4	0.8
亮氨酸	40.9	50.7	44.4	44.1	0.3	0.01	1.6	1.0
苯丙氨酸	76.2	221.4	129.2	123.9	5.3	0.04	0.6	1.0
赖氨酸	54.1	68.8	58.4	58.2	0.3	0.01	9.4	2.2

2.1.2　氨基酸与烟叶外观质量、感官质量的关系

为了分析各种游离氨基酸与烤烟烟叶质量之间的关系，将氨基酸与烤烟烟叶外观质

量指标和感官质量指标得分分别进行相关性分析（表5-41）。天冬氨酸、丙氨酸、异亮氨酸和亮氨酸与烤烟烟叶的身份得分呈显著正相关；而精氨酸、苏氨酸和赖氨酸与烤烟烟叶的颜色得分呈显著负相关，同时精氨酸、脯氨酸和赖氨酸与烤烟烟叶的色度也呈显著负相关。其中精氨酸与烤烟烟叶外观得分相关性比较大，与外观质量总分、颜色、成熟度、叶片结构、油分和身份得分都有显著负相关。精氨酸属于碱性氨基酸，有研究表明，碱性氨基酸与烟叶外观质量呈负相关，特别是烟叶的色度，本研究结果与之相同。另外，还有一些氨基酸与烤烟烟叶外观质量呈显著相关。胱氨酸与成熟度呈负相关、脯氨酸与色度呈负相关。

表5-41 氨基酸含量与外观质量指标得分的相关系数

氨基酸名称	外观质量	颜色	成熟度	叶片结构	身份	油分	色度
天冬氨酸	0.30*	−0.08	0.15	0.21	0.42**	0.22	0.13
谷氨酸	−0.23	−0.15	−0.23	−0.22	−0.10	−0.17	−0.18
胱氨酸	−0.14	0.00	−0.29*	−0.18	−0.01	−0.09	−0.16
丝氨酸	0.18	0.08	0.19	0.02	0.05	0.23	0.18
甘氨酸	0.01	0.00	−0.08	−0.04	0.23	−0.11	−0.11
组氨酸	0.07	−0.19	−0.02	−0.05	0.28	0.06	−0.01
精氨酸	−0.34*	−0.44**	−0.31*	−0.30*	0.05	−0.30*	−0.39**
苏氨酸	−0.16	−0.33*	−0.16	−0.14	0.11	−0.13	−0.22
丙氨酸	−0.02	−0.17	−0.15	−0.31*	0.31*	0.04	−0.20
脯氨酸	−0.24	−0.03	−0.23	−0.26	−0.07	−0.19	−0.32*
酪氨酸	0.11	−0.07	−0.05	0.14	0.12	0.15	0.12
缬氨酸	−0.24	−0.24	−0.10	−0.24	−0.11	−0.14	−0.26
蛋氨酸	0.05	0.00	−0.02	0.01	0.10	0.02	0.01
异亮氨酸	0.00	−0.19	−0.03	−0.03	0.31*	−0.11	−0.17
亮氨酸	0.04	−0.26	0.01	−0.06	0.33*	−0.01	−0.11
苯丙氨酸	0.13	−0.04	0.09	0.27	0.05	0.09	0.17
赖氨酸	−0.26	−0.41**	−0.22	−0.27	0.13	−0.26	−0.35*

注：* 表示在0.05水平上相关性显著；** 表示在0.01水平上相关性极显著。

天冬氨酸和脯氨酸与烤烟烟叶的感官质量有着密切的相关性（表5-42）。天冬氨酸与感官质量总分、劲头、浓度、香气质、余味、刺激性、细腻程度、圆润感等均呈极显著负相关，脯氨酸与感官质量总分、香气量、杂气、余味、柔和程度等均呈极显著正相关。胱氨酸与杂气和余味呈正相关而与评价总分呈显著负相关。亮氨酸与杂气、余味和刺激性呈负相关但丝氨酸与劲头和浓度呈正相关。甘氨酸与柔和程度和细腻程度呈负相关，而缬氨酸与它们则是呈正相关。酪氨酸对圆润感、香气质和浓度呈负相关。苯丙氨酸与香气质、香气量和圆润感均呈显著负相关而与刺激性呈显著正相关。蛋氨酸与感官质量评分呈正相关而与劲头、浓度和香气量呈负相关。亮氨酸与圆润感和干燥感也呈显著负相关。组氨酸、异亮氨酸和苏氨酸与感官质量总分呈显著正相关。大多数游离氨基酸与烤烟感官质量呈负相关。综上，精氨酸与烤烟烟叶的外观质量有着非常紧密的相关性，天冬氨酸、脯氨酸和亮氨酸对烤烟烟叶的感官质量影响较大。

表 5-42 氨基酸与感官质量指标的相关系数

指标	天冬氨酸	谷氨酸	胱氨酸	丝氨酸	甘氨酸	组氨酸	精氨酸	苏氨酸	丙氨酸
感官质量	-0.44**	0.14	-0.30*	-0.06	0.40**	0.31*	0.19	0.37*	0.28
劲头	-0.14	-0.13	0.19	0.42**	-0.21	-0.06	-0.17	-0.26	-0.04
浓度	-0.34*	-0.13	0.22	0.31*	-0.27	-0.22	-0.11	-0.29	-0.13
香气质	-0.60**	0.03	0.26	-0.04	-0.11	-0.22	0.19	-0.19	-0.09
香气量	-0.50**	0.00	0.25	0.20	-0.28	-0.12	0.07	-0.25	0.01
杂气	-0.60**	0.07	0.32*	-0.10	-0.19	-0.23	0.14	-0.21	-0.14
余味	-0.60**	0.08	0.30*	-0.06	-0.09	-0.19	0.17	-0.18	-0.07
刺激性	-0.60**	0.13	0.10	-0.11	-0.27	-0.27	0.13	-0.17	-0.06
柔和程度	-0.60**	0.11	0.22	-0.14	-0.30*	-0.13	0.24	-0.10	-0.05
细腻程度	-0.60**	0.03	0.15	-0.13	-0.30*	-0.16	0.16	-0.11	-0.07
圆润感	-0.60**	0.06	0.18	-0.10	-0.20	-0.30	0.10	-0.20	-0.10
干燥感	-0.50**	0.01	0.25	-0.07	-0.24	-0.18	0.10	-0.14	-0.09
指标	脯氨酸	酪氨酸	缬氨酸	蛋氨酸	异亮氨酸	亮氨酸	苯丙氨酸	赖氨酸	
质量评分	0.34*	0.19	-0.14	0.39**	0.30*	-0.51**	0.15	0.27	
劲头	0.06	-0.19	-0.03	-0.39**	-0.26	-0.28	-0.12	-0.18	
浓度	0.22	-0.40*	-0.02	-0.40**	-0.27	-0.40**	-0.25	-0.15	
香气质	0.36*	-0.30*	0.21	-0.02	0.06	-0.26	-0.50*	0.15	
香气量	0.40**	-0.27	0.19	-0.30*	-0.14	-0.30*	-0.30*	0.04	
杂气	0.40**	-0.23	0.19	-0.11	0.00	-0.30*	-0.28	0.08	
余味	0.40**	-0.25	0.20	-0.11	-0.01	-0.30*	-0.24	0.13	
刺激性	0.40**	-0.28	0.20	-0.09	-0.13	-0.30*	0.32*	0.07	
柔和程度	0.40**	-0.27	0.32*	-0.11	0.00	-0.21	-0.27	0.19	
细腻程度	0.40**	-0.18	0.30*	-0.08	-0.04	-0.24	-0.21	0.13	
圆润感	0.40*	-0.30*	0.14	-0.20	-0.10	-0.40*	-0.30*	0.04	
干燥感	0.50**	-0.21	0.22	-0.22	-0.12	-0.30*	-0.21	0.06	

注：* 表示在 0.05 水平上相关性显著；** 表示在 0.01 水平上相关性极显著。

2.2 多酚与烟叶质量的关系分析

2.2.1 多酚描述性分析

多酚描述性分析见表 5-43。烤烟烟叶中芦丁的含量最多，其次为莨菪亭，总体上烤烟烟叶中多酚含量较高，槲皮素和山柰酚含量较低。多酚类物质的变异系数都在 0.06～0.07 的范围内。山柰酚的峰度系数＜0，数据分布相对平坦，为比较分散的低阔峰，其余指标的峰度系数＞0，数据分布较陡峭，为相对集中的高狭峰；各指标的偏度系数均＞0，表现为右偏态峰，且各指标的偏度都＜0.5，呈低度偏态分布。

表 5-43　烤烟烟叶多酚数据描述性分析

多酚名称	最小值（mg/kg）	最大值（mg/kg）	平均值（mg/kg）	中位数（mg/kg）	标准误差（mg/kg）	变异系数	峰度系数	偏度系数
绿原酸	7.34	2 178.02	1 073.80	1 070.74	60.63	0.06	1.97	0.22
咖啡酸	12.78	2 178.02	1 073.93	1 070.74	60.57	0.06	1.95	0.23
莨菪亭	17.63	4 356.05	2 147.67	2 141.48	121.22	0.06	1.97	0.23
芦丁	26.62	6 534.07	3 221.51	3 212.22	181.83	0.06	1.97	0.23
槲皮素	28.51	609.92	284.25	290.22	18.43	0.06	1.17	0.16
山柰酚	33.51	138.14	78.75	79.02	5.53	0.07	-0.88	0.31

2.2.2　多酚与烟叶外观质量、感官质量的关系

将多酚类物质与烤烟烟叶外观质量指标和感官质量指标分别进行相关性分析。由表 5-44 可知，槲皮素、山柰酚这两种酚类物质对烤烟烟叶的外观质量均有一定的相关性，其中黄色的槲皮素与外观质量呈显著正相关，而山柰酚则呈显著负相关。绿原酸和芦丁与烤烟烟叶的颜色呈显著负相关，绿原酸还对色度有负影响，咖啡酸与烟叶的成熟度呈显著负相关。

表 5-44　多酚与外观质量指标的相关系数

多酚名称	外观质量	颜色	成熟度	叶片结构	身份	油分	色度
绿原酸	0.08	-0.34*	0.02	0.10	0.01	-0.04	-0.32*
咖啡酸	0.29	-0.20	-0.31*	-0.25	-0.12	-0.17	0.04
莨菪亭	-0.16	-0.19	-0.14	-0.18	-0.26	-0.13	0.03
芦丁	-0.04	-0.38*	-0.09	0.09	-0.21	-0.15	0.04
槲皮素	0.32*	0.11	0.14	0.04	0.02	-0.04	0.04
山柰酚	-0.36*	0.02	-0.04	0.04	0.14	0.02	-0.11

注：* 表示在 0.05 水平上相关性显著。

由表 5-45 可知，咖啡酸、芦丁和槲皮素与烟叶整体感官质量总分呈显著正相关。咖啡酸与杂气、柔和程度和圆润感呈显著正相关。山柰酚与烟叶的香气质和香气量呈显著负相关。

表 5-45　多酚与感官质量指标的相关系数

多酚名称	感官质量	劲头	浓度	香气质	香气量	杂气	余味	刺激性	柔和程度	细腻程度	圆润感	干燥感
绿原酸	0.30	-0.24	-0.30	-0.01	0.02	0.05	0.07	0.00	0.13	0.17	0.19	0.10
咖啡酸	0.34*	-0.18	0.07	0.10	0.26	0.33*	0.24	0.31	0.35*	0.20	0.40*	0.22
莨菪亭	-0.11	0.09	0.25	-0.10	-0.05	-0.11	-0.01	-0.07	-0.06	-0.13	0.04	-0.08

（续表）

多酚名称	感官质量	劲头	浓度	香气质	香气量	杂气	余味	刺激性	柔和程度	细腻程度	圆润感	干燥感
芦丁	0.38*	-0.07	-0.17	0.02	-0.05	0.05	0.07	-0.07	0.08	0.08	0.16	0.08
槲皮素	0.44**	-0.01	-0.28	0.19	0.19	0.11	0.10	0.15	0.14	0.17	0.17	0.22
山奈酚	0.28	-0.10	-0.19	-0.33*	-0.35*	-0.27	-0.26	-0.30	-0.18	-0.20	-0.17	-0.28

注：* 表示在 0.05 水平上相关性显著；** 表示在 0.01 水平上相关性极显著。

2.3 烟草脂肪酸与烟叶质量的关系分析

2.3.1 脂肪酸描述性分析

脂肪酸描述性分析见表 5-46，发现烤烟烟叶中亚油酸的含量最多，其次为十五碳一烯酸，烤烟烟叶中脂肪酸含量差异较大，总体上含量较多。十一碳酸、棕榈油酸、十七碳一烯酸等的峰度系数＜0，数据分布相对平坦，为比较分散的低阔峰，辛酸、葵酸、月桂酸等指标的峰度系数＞0，数据分布较陡峭，为相对集中的高狭峰；辛酸、葵酸、十一碳酸、月桂酸等指标的偏度系数＞0，表现为右偏态峰；肉豆蔻油酸、十五碳一烯酸、棕榈油酸等指标的偏度系数＜0，表现为左偏态峰。

表 5-46 烤烟烟叶脂肪酸数据描述性分析

脂肪酸名称	最小值（mg/kg）	最大值（mg/kg）	平均值（mg/kg）	中位数（mg/kg）	标准误差（mg/kg）	变异系数	峰度系数	偏度系数
辛酸	0.55	2.37	0.88	0.80	0.04	0.05	21.36	4.09
葵酸	0.00	0.70	0.06	0.00	0.03	0.45	7.37	2.95
十一碳酸	1.32	2.61	1.80	1.80	0.05	0.03	-0.19	0.71
月桂酸	0.00	0.61	0.25	0.30	0.04	0.15	-1.95	0.08
十三碳酸	43.40	98.49	62.71	62.30	1.64	0.03	1.65	0.86
肉豆蔻油酸	12.07	25.01	19.94	20.30	0.37	0.02	1.36	-0.68
十五碳一烯酸	1 282.00	2 473.00	2 018.00	2 020.00	36.79	0.02	0.77	-0.54
棕榈酸	2.71	5.53	3.93	3.90	0.09	0.02	0.87	0.40
棕榈油酸	40.31	73.03	57.50	58.40	1.17	0.02	-0.08	-0.21
十七碳一烯酸	333.50	614.30	507.10	505.70	10.21	0.02	-0.46	-0.30
硬脂酸	216.30	854.1	386.05	341.50	22.63	0.06	1.37	1.39
反式油酸	12.74	31.99	18.13	17.60	0.49	0.03	6.55	1.82
油酸	918.80	2 782.00	1 324.61	1 290.10	50.68	0.04	6.80	2.05
反式亚油酸	2.95	9.26	5.63	5.40	0.22	0.04	-0.54	0.47
亚油酸	1 459.00	3 249.00	2 377.34	2 258.30	57.43	0.02	-0.23	0.36

（续表）

脂肪酸名称	最小值（mg/kg）	最大值（mg/kg）	平均值（mg/kg）	中位数（mg/kg）	标准误差（mg/kg）	变异系数	峰度系数	偏度系数
γ-亚麻酸	77.07	160.50	113.49	112.20	2.60	0.02	0.42	0.44
二十碳一烯酸	2.47	7.86	4.20	4.00	0.15	0.04	4.00	1.70
α-亚麻酸	2.46	4.79	3.35	3.30	0.08	0.02	−0.15	0.20
二十一碳酸	4.43	10.95	7.85	7.90	0.22	0.03	−0.33	0.08
二十二碳酸	0.00	1.18	0.19	0.00	0.05	0.26	1.25	1.52
芥酸	13.90	24.90	19.24	19.10	0.42	0.02	−0.49	−0.04
二十碳三烯酸	59.11	125.90	93.84	94.30	2.09	0.02	0.27	−0.04
花生四烯酸	219.20	961.20	445.73	429.10	21.19	0.05	3.00	1.38
二十三碳酸	5.60	19.49	10.94	10.60	0.46	0.04	0.75	0.91
二十二碳二烯酸	1.46	7.57	3.58	3.40	0.21	0.06	0.15	0.67
二十四碳酸	13.97	36.80	25.82	25.50	0.77	0.03	−0.26	0.24
二十碳五烯酸	16.22	50.61	30.95	29.40	1.30	0.04	−0.29	0.58
二十四碳一烯酸	1.81	12.19	5.16	4.80	0.43	0.08	0.33	0.99
二十二碳六烯酸甲酯	0.00	1.61	0.97	1.00	0.05	0.05	2.19	−0.69

2.3.2 脂肪酸与烟叶外观质量、感官质量的关系

由表5-47可知，棕榈油酸、肉豆蔻油酸、十一碳酸和芥酸与烤烟烟叶外观质量总分显著正相关。棕榈油酸和十五碳烯酸与烤烟叶片结构呈显著正相关，其中棕榈油酸呈极显著正相关。十一碳酸与烟叶颜色、身份和油分均呈显著正相关。α-亚麻酸与烟叶颜色也呈显著正相关。整体上，烟叶中脂肪酸含量与烤烟烟叶外观质量指标呈正相关。

表5-47 脂肪酸与外观质量指标的相关系数

脂肪酸名称	外观质量	颜色	成熟度	叶片结构	身份	油分	色度
十一碳酸	0.30*	0.29*	−0.14	0.08	0.33*	0.30*	0.21
十三碳酸	0.19	0.11	−0.08	0.09	0.17	0.21	0.19
肉豆蔻油酸	0.31*	0.14	0.14	0.17	0.34*	0.20	0.19
十五碳烯酸	0.10	0.06	0.08	0.29*	0.07	0.02	0.00
棕榈油酸	0.32*	0.21	0.18	0.39**	0.20	0.02	0.25
十七碳烯酸	0.10	0.06	0.07	0.28	0.08	0.02	0.01
硬脂酸	−0.18	−0.10	−0.24	0.13	−0.16	−0.17	−0.13
油酸	0.15	0.15	−0.16	0.13	0.15	0.19	0.09

（续表）

脂肪酸名称	外观质量	颜色	成熟度	叶片结构	身份	油分	色度
亚油酸	0.28	0.18	0.23	0.21	0.25	0.19	0.08
γ-亚麻酸	0.14	0.06	0.10	0.22	0.06	0.12	0.08
二十碳烯酸	-0.20	-0.05	-0.27	0.01	-0.18	-0.20	-0.09
α-亚麻酸	0.22	0.31*	0.08	0.26	0.06	0.18	0.16
芥酸	0.32*	0.13	0.27	0.18	0.33*	0.21	0.14
二十碳三烯酸	0.04	0.04	0.06	0.09	-0.03	0.03	0.03
花生四烯酸	-0.23	-0.04	-0.16	-0.16	-0.15	-0.26	-0.17
二十四碳酸	0.22	0.17	0.16	0.11	0.09	0.22	0.20
二十碳五烯酸	-0.02	0.05	-0.02	0.04	-0.13	0.04	0.05
二十四碳烯酸	-0.14	0.01	-0.09	-0.15	-0.16	-0.08	-0.11

注：*表示在 0.05 水平上相关性显著；** 表示在 0.01 水平上相关性极显著。

由表 5-48 可知，二十碳五烯酸和二十四碳烯酸与烤烟烟叶的感官质量密切相关。这两种物质均与烤烟烟叶的感官质量总分呈极显著正相关。它们与劲头、浓度、香气质、香气量等均呈极显著正相关而与杂气和刺激性呈极显著负相关。花生四烯酸也与感官质量总分呈显著正相关，与烟叶感官质量中的圆润感和余味呈显著正相关。二十四碳酸和二十碳三烯酸与感官质量总分呈显著负相关，主要影响劲头、浓度和干燥感。α-亚麻酸与浓度、香气质、柔和程度和细腻程度等均呈显著负相关，同时亚油酸也与劲头、浓度、香气量和余味呈显著负相关。棕榈油酸与劲头、香气质、余味、柔和程度等呈显著负相关。十五碳烯酸和十七碳烯酸均与烟叶的劲头、浓度和香气量呈显著负相关。十一碳酸与烟叶的刺激性呈显著正相关但与香气质、柔和程度、细腻程度和圆润感呈显著负相关。

表 5-48　脂肪酸与感官质量指标的相关系数

指标	十一碳酸	十三碳酸	肉豆蔻油酸	十五碳烯酸	棕榈油酸	十七碳烯酸	硬脂酸	油酸	亚油酸
感官质量	0.23	0.12	0.04	0.07	0.14	0.06	-0.09	0.06	0.14
劲头	-0.07	0.01	-0.02	-0.31*	-0.29*	-0.30*	-0.05	-0.08	-0.34*
浓度	-0.26	-0.01	-0.06	-0.37*	-0.28	-0.4**	-0.08	-0.22	-0.4**
香气质	-0.34*	-0.10	-0.02	-0.23	-0.31*	-0.31*	-0.02	-0.16	-0.28
香气量	-0.26	0.03	0.01	-0.33*	-0.32*	-0.4**	-0.07	-0.24	-0.4**
杂气	-0.27	-0.10	-0.05	-0.10	-0.27	-0.15	0.11	-0.08	-0.21
余味	-0.22	-0.06	-0.10	-0.24	-0.32*	-0.26	0.05	-0.14	-0.36*
刺激性	0.34*	-0.04	0.00	-0.09	-0.25	-0.14	0.02	-0.25	-0.13
柔和程度	-0.4**	-0.25	-0.14	-0.19	-0.4**	-0.22	-0.01	-0.18	-0.22

（续表）

指标	十一碳酸	十三碳酸	肉豆蔻油酸	十五碳烯酸	棕榈油酸	十七碳烯酸	硬脂酸	油酸	亚油酸
细腻程度	-0.33*	-0.15	-0.14	-0.22	-0.37*	-0.27	-0.03	-0.17	-0.26
圆润感	-0.36*	-0.06	0.01	-0.17	-0.27	-0.23	0.00	-0.14	-0.23
干燥感	-0.28	-0.02	0.06	-0.10	-0.21	-0.13	0.13	-0.07	-0.23
指标	γ-亚麻酸	二十碳烯酸	α-亚麻酸	芥酸	二十碳三烯酸	花生四烯酸	二十四碳酸	二十碳五烯酸	二十四碳烯酸
感官质量	-0.01	-0.27	0.12	0.18	-0.32*	0.34*	-0.33*	0.50**	0.56**
劲头	-0.18	0.07	-0.23	-0.09	0.18	0.24	0.33*	0.39**	0.49**
浓度	-0.18	0.09	-0.4**	-0.17	0.29*	0.39**	0.41**	0.50**	0.58**
香气质	-0.15	0.04	-0.33*	-0.14	0.16	0.19	0.26	0.40**	0.41**
香气量	-0.16	0.02	-0.35*	-0.14	0.28	0.28	0.39**	0.50**	0.54**
杂气	-0.10	0.25	-0.21	-0.19	0.23	-0.29*	0.23	-0.4**	-0.4**
余味	-0.11	0.18	-0.18	-0.18	0.22	0.30*		0.41**	0.41**
刺激性	-0.08	0.13	-0.19	-0.19	0.22	0.28	0.19	-0.4**	-0.4**
柔和程度	-0.13	0.17	-0.33*	-0.12	0.19	0.29	0.17	0.31*	0.36*
细腻程度	-0.11	0.10	-0.30*	-0.15	0.20	0.19	0.21	0.34*	0.39**
圆润感	-0.10	0.16	-0.24	-0.11	0.24	0.29*	0.27	0.41**	0.40**
干燥感	-0.06	0.30*	-0.15	-0.11	0.32*	0.35*	0.31*	0.52**	0.52**

注：* 表示在 0.05 水平上相关性显著；** 表示在 0.01 水平上相关性极显著。

2.4 果胶、纤维素与烟叶质量的关系

2.4.1 果胶、纤维素描述性分析

果胶和纤维素描述性分析见表 5-49，果胶的平均含量为 36.2 g/kg，纤维素在不同样品之间差异较小。两种物质的变异系数都较小。果胶和纤维素的峰度系数<0，数据分布相对平坦，为比较分散的低阔峰；纤维素的偏度系数>0，表现为右偏态峰，果胶的偏度系数为 0.0，表现为正态峰。果胶和纤维素的偏度都<0.5，呈低度偏态分布。

表 5-49　烤烟烟叶果胶、纤维素数据描述性分析

物质名称	最小值	最大值	平均值	中位数	标准误差	变异系数	峰度系数	偏度系数
果胶（g/kg）	29.2	43.3	36.2	36.0	0.6	0.02	-1.2	0.0
纤维素（%）	10.2	12.8	11.4	11.4	0.1	0.01	-0.5	0.2

2.4.2 果胶、纤维素与烟叶外观质量、感官质量的关系

将果胶、纤维素与烤烟烟叶外观质量及感官质量指标分别进行相关性分析见

表 5-50、表 5-51。果胶与烤烟烟叶的外观质量总分呈显著正相关，与身份和油分呈显著正相关。

表 5-50　果胶、纤维素与外观质量指标的相关系数

物质名称	外观质量	颜色	成熟度	叶片结构	身份	油分	色度
果胶	0.38*	0.22	0.12	0.10	0.36*	0.42**	0.18
纤维素	-0.02	0.13	0.08	0.27	-0.18	-0.11	-0.02

注：* 表示在 0.05 水平上相关性显著；** 表示在 0.01 水平上相关性极显著。

由表 5-51 可知，果胶与烟叶感官质量总分呈极显著负相关，同时与感官质量中的浓度、香气质、香气量、刺激性均呈显著负相关。果胶与杂气、余味、柔和程度、细腻程度、圆润感和干燥感呈极显著负相关。纤维素与感官质量总分显著负相关，影响烤烟烟叶的感官质量。

表 5-51　果胶、纤维素与感官质量指标的相关系数

物质名称	感官质量	劲头	浓度	香气质	香气量	杂气	余味	刺激性	柔和程度	细腻程度	圆润感	干燥感
果胶	-0.40**	-0.12	-0.37*	-0.32*	-0.35*	-0.45**	-0.38**	-0.30*	-0.50**	-0.42**	-0.42**	-0.42**
纤维素	-0.24*	0.06	0.18	0.08	0.13	0.18	0.10	0.10	0.08	0.07	0.13	0.10

注：* 表示在 0.05 水平上相关性显著；** 表示在 0.01 水平上相关性极显著。

3　结论

3.1　烟草氨基酸与烟叶质量

对宜宾烤烟中游离氨基酸分析后发现，游离氨基酸含量较少且不同的游离氨基酸含量差异较为明显，共检测出 17 种氨基酸组分，其中脯氨酸的含量最大，其次为胱氨酸、甘氨酸和苯丙氨酸。将烤烟烟叶中检测出的 17 种游离氨基酸与烤烟烟叶质量进行 OPLS 建模回归分析，结果表明，两者关系为 $Y = 1.028X - 1.9$，回归系数 $R^2 = 0.607$；其中精氨酸对烤烟烟叶外观影响比较大，呈负相关。天冬氨酸和脯氨酸对烤烟烟叶的感官质量影响较大。另外，精氨酸、苏氨酸与烟叶的颜色、色度和身份有相关性，但大多数游离氨基酸与烤烟感官质量相关性更为紧密，且呈负相关。

一般认为，氨基酸与还原糖或羰基化合物之间能够进行美拉德反应，生成各种香气成分。一定范围内美拉德反应越剧烈，香气成分越多，颜色也越深，与外观质量总分呈负相关。但因为不同地区游离氨基酸含量有很大差异，因此其他氨基酸对外观质量的影响并不明显。研究认为，氨基酸在燃烧过程中通常生成含氮化合物，所以氨基酸含量太高，烟气辛辣、味苦，并且刺激性强烈，影响感官质量。有研究表明，在一定范围内，烟叶中氨基酸含量越高，越能增进质量、提高吃香味。

3.2　烟草多酚与烟叶质量

多酚类物质对烤后烟叶感官质量中的香气质、香气量等和烟叶外观质量中的色度都有重要影响。宜宾烤烟中芦丁的含量最多，其次为莨菪亭，总体上烟叶中多酚含量较

高，槲皮素和山奈酚含量较低。通过对烤烟烟叶进行 LC-MS 物质定性分析，共检测 6 种多酚类物质成分。其中绿原酸和芦丁与烟叶的颜色、色度呈显著负相关，咖啡酸与烟叶的成熟度呈显著负相关。

3.3 烟草脂肪酸与烟叶质量

宜宾烤烟中各种脂肪酸中亚油酸的含量最多，其次为十五碳一烯酸，烟叶中脂肪酸含量差异较大，总体上含量较多。通过 GC-MS 将烤烟烟叶中检测的 35 种高级脂肪酸，棕榈油酸、肉豆蔻油酸、十一碳酸、芥酸和 α-亚麻酸与烟叶外观质量总分呈显著正相关。二十碳五烯酸和二十四碳烯酸与烟叶感官质量总分呈极显著正相关。棕榈油酸、α-亚麻酸、二十四碳酸等不饱和脂肪酸与感官质量总分呈显著负相关。

高级脂肪酸能够生成油脂，因此脂肪酸含量越多，外观质量越好。含脂肪酸多的烟叶色泽鲜亮纯净，组织细致柔软，弹性强，这些特征都影响着烟叶外观的得分。整体上，烟叶中脂肪酸含量与烟叶外观质量指标大多呈正相关的趋势。据报道，长链脂肪酸可以减轻烟叶产生烟气的刺激性，使烟气香味和烟气的浓度提高。

3.4 烟草果胶、纤维素与烟叶质量

宜宾烤烟中果胶的平均含量为 36.2 g/kg，纤维素在不同样品之间差异较小。在本实验中，果胶对烟叶质量的影响较大，与外观质量总分呈正相关而与感官质量总分呈负相关，这可能是因为果胶是一种亲水性胶体物质，通过渗透性在烟叶的吸湿性和弹性上起着一定的作用。

第六章

宜宾市生态烟叶特色彰显施肥技术

第一节　绿肥对烟叶产量、质量及焦甜香特色的影响

1　绿肥对烟叶产质量的影响

1.1　材料与方法

1.1.1　试验材料

烤烟品种：云烟 87。

供试绿肥品种：箭筈豌豆（湖北鑫大牧草种业售）、油菜（德油 85）、光叶紫花苕（湖北鑫大牧草种业售）。

1.1.2　试验地点

兴文县周家镇，选择前一年未种植过烟草的土壤。土壤基础肥力：pH 6.5、有机质含量 35.5 g/kg、速效钾含量 16.3 mg/kg、碱解氮含量 104.2 mg/kg。

1.1.3　试验设计

试验以不同绿肥品种为因素设 3 个处理，2 个对照，处理 1 为德油 85-烤烟（T1）、处理 2 为光叶紫花苕-烤烟（T2）、处理 3 为箭筈豌豆-烤烟（T3），3 个处理的烟草无机肥按常规管理的 85% 施用，对照 1 为冬闲地-烤烟（CK1），施用 100% 烟草无机肥，不施绿肥，对照 2 为冬闲地-烤烟（CK2），不施无机肥和绿肥。处理和对照均设 3 次重复。10 月中旬播种绿肥，油菜播 8 kg/hm²、豌豆播 80 kg/hm²、紫花苕子播 80 kg/hm²，绿肥种植期间不施肥，于翌年 3 月（烟苗移栽前 25~30 d）收割地上部分，计算绿肥产量，就地翻压，翻压量为 15 000 kg/hm²。

烤烟种植密度设定 18 000 株/hm²，行株距为 110 cm×50 cm，试验每个小区栽烟 2 行，每行栽 16 株，共计栽 32 株/小区，并且设置保护行。精细整地、起垄；通过统一的大田管理减少人为误差，各项农事操作均在同一天内完成。

1.1.4　试验方法

1.1.4.1　绿肥产量和养分测定

绿肥鲜草产量测定：翻压前，将每个小区的绿肥鲜草分别收割、称重。养分（N、P、K）含量测定：将绿肥整株鲜样称重装袋，放入烘箱中烘干至恒重，称取干重，然

后将整个植株全部粉碎装袋。经 H_2SO_4-H_2O_2 消煮后过滤，定容，采用流动分析仪测定绿肥地上部分的氮、磷含量；用火焰光度法测定全钾含量。

1.1.4.2　土壤微生物种类测定

分别在烤烟移栽前、团棵期、旺长期、成熟期和采收期采用 5 点取样法取烤烟根际土，采用稀释平板法测定根际土壤细菌、放线菌和真菌总数，培养基分别用牛肉膏蛋白胨琼脂培养基、改良高氏 1 号培养基和马丁氏培养基。

1.1.4.3　大田生育期调查

分别记载不同处理的移栽期、团棵期、现蕾期、打顶期、脚叶成熟期、顶叶成熟期；统计不同处理移栽至现蕾的天数和移栽至采收结束的天数。

1.1.4.4　烟草农艺性状调查

按照 YC/T 142—2010 调查烟株农艺性状。

1.1.4.5　烟叶经济性状测定

参考 GB 2635—92 进行分级，并计算上、中、下等级烟叶的重量、均价和产值。

1.1.4.6　烟叶外观质量评价

按照 GB/T 18771.4—2015，评价烟叶的颜色、成熟度、叶片结构、身份、油分、色度，进行量化评分。

1.1.4.7　烟叶常规化学成分分析

取初烤后烟叶进行常规化学成分分析，测定烟碱、总糖、还原糖、总氮、钾、氯、蛋白质等含量。

1.1.5　数据分析

采用 Excel 2010 和 SPSS 23.0 进行数据统计和分析。

1.2　结果与分析

1.2.1　绿肥产量和养分测定

由表 6-1 可知，不同绿肥品种的鲜、干生物量指标差异趋势均表现为箭筈豌豆＞光叶紫花苕＞油菜，箭筈豌豆干重分别为光叶紫花苕和油菜的 1.3 倍和 2.1 倍。但油菜中总氮、全磷和全钾含量明显高于箭筈豌豆和光叶紫花苕。

表 6-1　绿肥生物学性状及化学成分比较

处理	鲜重 （kg/hm²）	干重 （kg/hm²）	总氮 （占鲜重比，%）	全磷 （占鲜重比，%）	全钾 （占鲜重比，%）
油菜	9 840	2 962.5	1.26	0.53	1.17
光叶紫花苕	15 600	3 556.5	0.50	0.04	0.27
箭筈豌豆	20 580	4 548.0	0.64	0.06	0.34

1.2.2　土壤微生物种类测定

3 个处理在烟叶生长各个时期的总微生物含量均显著高于 2 个对照，2 个对照的各项微生物含量在移栽后出现增长，在团棵期数量达到顶峰然后回落。移栽前 T3 处理中细菌和放线菌数量显著比对照和其他处理高 1.5~8 倍，团棵期细菌和放线菌数量比对照和其他处理高2.5~7.7倍，然后出现回落，3个处理中其余的各项微生物含量在移栽后持续下降，回落到较低水平（表6-2）。

表6-2 不同时期根际土壤微生物数量

时期	处理	细菌（×10⁶CFU/g）	真菌（×10³CFU/g）	放线菌（×10⁴CFU/g）
移栽前	CK1	7.6±0.1d	2±0.1d	5.0±0.4d
	CK2	7.9±0.4d	2±0.2d	6.6±0.5d
	T1	32.7±0.6c	19±0.8c	34.3±0.3c
	T2	40.5±0.3b	13±0.5b	50.3±0.4b
	T3	63.1±1.1a	22±1.3a	69.1±0.5a
团棵期	CK1	11.6±0.3e	40±1.0a	26.1±5.1c
	CK2	20.8±0.4d	12±1.0c	17.5±3.3d
	T1	27.2±0.5c	16±2.0b	10.5±0.7e
	T2	36.4±0.9b	11±1.0c	31.7±6.2b
	T3	90.4±2.1a	8±1.0d	111.6±12.0a
旺长期	CK1	4.48±0.3b	4.4±0.1d	7.6±0.4d
	CK2	5.44±0.6b	10.8±0.2b	11.6±0.5c
	T1	18.12±1.4a	16.0±0.4a	13.2±0.3b
	T2	17.20±1.1a	8.4±0.9bc	14.8±0.5ab
	T3	16.32±0.9a	7.2±0.5c	15.2±0.4a
成熟期	CK1	0.55±0.0d	2.1±0.1d	9.7±0.5cd
	CK2	0.9±0.0.0e	3.9±0.0b	8.2±2.3d
	T1	1.65±0.0a	5.5±0.0a	18.1±2.1a
	T2	1.24±0.0b	2.9±0.1c	11.9±0.9c
	T3	1.11±0.1cc	2.4±0.0cd	15.6±0.7b
采收期	CK1	0.54±0.0e	1.30±0.1d	1.0±0.2c
	CK2	0.83±0.0d	2.50±0.2b	1.5±0.2c
	T1	1.44±0.0a	3.30±0.8a	12.4±0.3a
	T2	1.20±0.0b	2.70±0.3b	7.9±0.4b
	T3	1.09±0.0c	1.80±0.1c	7.8±0.5b

注：同列不同字母表示各处理在0.05水平上差异显著。

1.2.3 烟株农艺性状和生育期调查

各个生长时期3个处理的株高、叶长和叶宽均显著高于2个对照，成熟期3个处理间除T2处理的叶长显著高于T3处理外，其余各指标均无差异。旺长期和成熟期3个处理和CK2间的茎围和叶片数差异不显著，但均显著高于CK1（表6-3）。3个处理移栽至现蕾和移栽至采收结束的天数均显著大于 2 个对照,但对照间和处理间无显著差异(表 6-4)。

表 6-3 烤烟农艺性状的方差分析

时期	处理	株高（cm）	叶长（cm）	叶宽（cm）	茎围（cm）	叶数（片）
团棵期	CK1	34.9d	14.4c	5.0c	6.3b	9.0a
	CK2	39.7c	18.8b	5.7b	6.5b	9.0a
	T1	45.6a	22.4a	6.8a	7.2a	10.0a
	T2	42.9b	19.5b	5.5b	6.4b	10.0a
	T3	42.0b	18.5b	6.6a	6.5b	10.0a
旺长期	CK1	52.8d	30.2c	72.7c	10.6b	18.3c
	CK2	63.8c	33.9b	74.8bc	11.0a	20.3b
	T1	78.9a	35.1a	77.4a	11.3a	21.1ab
	T2	74.3ab	34.0b	75.9b	11.2a	21.5a
	T3	68.6bc	33.9b	75.1bc	11.2a	21.0ab
成熟期	CK1	90.5c	32.8d	74.7d	10.4c	18.7c
	CK2	120.7b	37.3c	77.8c	11.5ab	21.6b
	T1	127.8a	40.6b	81.4b	12.1a	22.5ab
	T2	128.1a	42.1a	84.3a	12.4a	23.1a
	T3	123.3ab	38.4c	82.4b	11.0b	21.8b

注:同列不同字母表示各处理在 0.05 水平上差异显著。

表 6-4 烤烟生育期调查

处理	移栽期	团棵期	现蕾期	打顶期	脚叶成熟期	顶叶成熟期	生育期（d）
CK1	4 月 23 日	5 月 27 日	6 月 22 日	6 月 25 日	7 月 5 日	8 月 22 日	122
CK2	4 月 23 日	5 月 25 日	6 月 23 日	6 月 25 日	7 月 5 日	8 月 23 日	123
T1	4 月 23 日	5 月 28 日	6 月 30 日	7 月 4 日	7 月 14 日	9 月 1 日	132
T2	4 月 23 日	5 月 29 日	6 月 29 日	7 月 4 日	7 月 13 日	9 月 1 日	132
T3	4 月 23 日	5 月 29 日	6 月 28 日	7 月 4 日	7 月 13 日	9 月 1 日	132

1.2.4 烟叶经济性状调查

对照和各处理产值趋势为 T1＞T2＞T3＞CK2＞CK1,各处理的产量均显著高于 2 个对照,3 个处理间各项经济指标均呈现 T1＞T2＞T3 的趋势,由于 3 个处理落黄晚,同时期采收时,烤后烟叶均价和中上等烟比例均低于对照(表 6-5)。

表 6-5 不同绿肥对烟叶产量和产值的影响

处理	产量（kg/hm²）	产值（元/hm²）	均价（元/kg）	中上等烟比例（%）
CK1	1 826.0d	38 565.6c	21.12a	80.80a
CK2	2 119.1c	44 353.4bc	20.93ab	79.39ab

（续表）

处理	产量（kg/hm²）	产值（元/hm²）	均价（元/kg）	中上等烟比例（%）
T1	2 627.1a	54 144.8a	20.61b	77.54b
T2	2 460.5b	47 537.2b	19.32c	66.96c
T3	2 395.3b	45 391.8bc	18.95d	65.59c

注：同列不同字母表示各处理在 0.05 水平上差异显著。

1.2.5 绿肥翻压对中部烟叶化学成分的影响

不同绿肥处理对中部烟叶化学成分影响有所不同，T1 处理钾、氯含量降低，T2 和 T3 处理钾、氯含量却均有所增加，T1 处理钾、氯含量显著低于 T2、T3 处理，仅为 1.71% 和 0.29%，但各处理的钾含量却均低于优质烟叶标准含量；各处理总氮含量有显著的提升，处理间以 T2 处理提升最为显著；T2 处理的还原糖、总糖含量和糖碱比有显著提升，T1 和 T3 处理的还原糖、总糖含量和糖碱比则降低，T1 和 T3 处理之间差异不显著，但各处理的两糖含量均高于优质烟叶含量；T1 和 T3 处理的烟碱含量均有所提升，T2 处理降低，但各处理的烟碱含量均达到优质烟叶标准；总体各处理的氮碱比有提升，均处于较合理范围；各处理对两糖比的影响不显著（表 6-6）。

表 6-6 不同绿肥处理中部烟叶化学成分分析

处理	钾（%）	氯（%）	总氮（%）	还原糖（%）	总糖（%）	烟碱（%）	氮碱比	两糖比	糖碱比
CK	1.87b	0.33ab	1.78d	28.86b	29.70b	1.89b	0.94c	0.97a	15.71b
T1	1.71c	0.29c	2.05b	27.65c	28.38c	2.06a	1.00b	0.97a	13.77d
T2	1.89b	0.34a	2.17a	30.49a	31.12a	1.82b	1.19a	0.98a	17.09a
T3	1.97a	0.32b	1.96c	27.91c	28.56c	1.93a	1.01b	0.97a	14.79c

注：CK 为 CK1 和 CK2 的均值；同列不同小写字母表示各处理在 0.05 水平上差异显著。

1.2.6 烟叶外观质量的评价

T1 和 T3 处理除身份较差外，其余各项外观质量指标均优于 CK2 或与之持平。T2 处理除身份优于 CK2 外，其余各项外观质量指标均与 CK2 持平，CK1 在油分和色度上显著优于 CK2 和 3 个处理（表 6-7）。

表 6-7 不同绿肥品种对烤后烟叶外观质量的影响

处理	颜色（10分）	成熟度（10分）	叶片结构（10分）	身份（10分）	油分（10分）	色度（10分）	总分（100分）
CK1	8.0a	8.0a	8.0b	7.0c	6.0a	6.0a	71.7
CK2	7.0b	7.0c	8.0b	8.0b	5.0b	5.0c	66.7
T1	8.0a	7.5b	8.5a	7.0c	5.0b	5.5b	69.2
T2	7.0b	7.0c	8.0b	8.5a	5.0b	5.0c	67.5
T3	7.0b	7.0c	8.0b	7.0c	5.0b	5.5b	65.8

1.3 结论

种植绿肥后土壤的微生物数量明显增加；农艺性状优于对照，生育期延长；产量增加，但均价和中上等烟比例有所下降，其中油菜处理的产量和产值最高；油菜处理的外观质量得分较另外 2 种绿肥处理的得分高，钾含量以箭筈豌豆处理的最高。

2 油菜翻压量对烟叶产质量和焦甜香特色的影响

2.1 材料与方法
2.1.1 试验材料
烤烟品种：云烟 87。

供试油菜品种：德油 85。

2.1.2 试验地点
兴文县周家镇，选择前一年未种植过烟草，地势较平坦的地块。土壤基础肥力：pH 6.5、有机质含量 35.5 g/kg、土壤速效钾含量 16.3 mg/kg、碱解氮含量 104.2 mg/kg。

2.1.3 试验设计
以 70% 常规施肥不翻压油菜为对照，油菜翻压量分别为 7 500 kg/hm²、15 000 kg/hm²、22 500 kg/hm² 且按 70% 常规施肥，设 3 个处理，分别用代号 CK、G1、G2、G3 表示。对照和处理均设 3 次重复。

油菜于 10 月中旬播种，播种量为 8 kg/hm²，油菜种植期间不施肥，于翌年 3 月（烟苗移栽前 25~30 d）收割地上部分，取样并计算产量，剪成 3~5 cm 的小段，按不同的处理进行翻压。

烤烟种植密度设定 18 000 株/hm²，行株距为 110 cm×50 cm，试验每个小区栽烟 2 行，每行栽 18 株，共计 36 株/小区，并且设置保护行。精细化整地、起垄；通过统一的大田管理减少人为误差，各项农事操作均在同一天内完成。

2.1.4 试验方法
2.1.4.1 土壤理化性质分析

分别取绿肥播种前、烟草移栽前和烟草收获后各处理耕层土壤样品，将土样混匀，晾干。用木槌粉碎土样，分别过 0.85 mm 和 0.15 mm 筛，装到封口袋里，贴上标签。分别测定土壤 pH、全氮、碱解氮、有机质、有效磷和速效钾等。pH：用 pH 计直接测定，土水比为 1:2.5。全氮测定：土壤经浓硫酸消煮后，过滤，定容，采用流动分析仪测定。碱解氮：碱解扩散法测定。有机质：重铬酸钾容量法—外加热法测定。有效磷：用 0.5 mol/L 碳酸氢钠浸提，之后用钼蓝比色法测定。速效钾：用乙酸铵浸提，之后火焰光度法测定。

2.1.4.2 土壤微生物种类测定

参照本节 1.1.4.2 微生物种类的测定。

2.1.4.3 烟株农艺性状测定

参照本节 1.1.4.4。

2.1.4.4 烟叶经济性状测定

参照本节 1.1.4.5。

2.1.4.5 外观质量评价

参照本节 1.1.4.6。

2.1.4.6 烟叶常规化学成分分析

参照本节 1.1.4.7。

2.1.4.7 烟叶评吸

烟叶成熟采收烘烤后，选取具代表性的中部烟叶 C3F 等级烟叶切丝，卷制成长 84 mm、圆周 24.5 mm 的单料烟支，置于（22±1）℃和相对湿度（60±2）%的环境中调节含水率 48 h。按照 GB 5606.4—2005 进行评吸。评吸的指标包括香气质、香气量、劲头、余味、杂气、浓度、柔和程度、圆润感、干燥感等，依据评分的分值判别烟叶品质。

2.1.5 数据分析

数据采用 Excel 2010 和 SPSS 23.0 进行分析和处理。

2.2 结果与分析

2.2.1 绿肥产量和养分测定

从表 6-8 得知，2019 年油菜绿肥可产 1 067 kg/667 m²，去除水分后的干物质为 294.49 kg/667 m²，是 2018 年的 1.6 倍，但总氮、全磷、全钾的含量与 2018 年无差异，分别为 44.20 g/kg、17.02 g/kg、34.78 g/kg。

表 6-8 油菜绿肥生物学性状及化学成分比较

年份	鲜重 （kg/667 m²）	干物 （kg/667 m²）	总氮 （g/kg）	全磷 （g/kg）	全钾 （g/kg）
2018	656 ±24.3	197.5±7.31	41.85±1.55	17.60±0.65	38.86±1.43
2019	1 067 ±54.9	294.5±15.1	44.20±2.27	17.02±0.88	34.78±1.79

2.2.2 绿肥不同翻压量处理对植烟土壤养分的影响

由表 6-9 可知，油菜不同翻压量处理和对照中土壤 pH 随着烟株生长呈现先下降后上升的趋势，最低 pH 出现在成熟期，但均在最适范围内，处理的下降幅度显著高于对照，且随翻压量的增加 pH 降低得越显著。绿肥翻压显著提升了土壤速效钾、有效磷、碱解氮和有机质的含量，土壤速效钾含量在 4 个时期表现为 G3＞G2＞G1＞CK；有效磷含量在团棵期和旺长期表现为 G3＞G2＞G1＞CK，在打顶期表现为 G2＞G3＞G1＞CK；采收期各处理土壤有效磷含量显著高于对照，处理间 G2 处理显著高于 G1、G3 处理。各处理的土壤碱解氮和有机质含量在 4 个时期均高于对照，其中 G3 处理最高。总体来看，翻压绿肥后能降低植烟土壤的 pH，增加植烟田土壤速效钾、有效磷、碱解氮、有机质的含量，总体表现为 G3＞G2＞G1＞CK，这说明在一定范围内绿肥翻压量的增加能提升土壤各养分含量。

表 6-9　绿肥不同翻压量处理对植烟土壤养分的影响

指标	处理	团棵期	旺长期	成熟期	采收期
pH	CK	6.33a	6.27a	6.02a	6.22a
	G1	6.16b	5.84b	5.78c	6.31a
	G2	6.07c	5.88b	5.56b	6.19a
	G3	6.03c	5.76b	5.53c	5.97b
速效钾（mg/kg）	CK	107.35d	141.70d	128.34b	113.46c
	G1	122.42c	175.12c	165.74a	131.83b
	G2	147.35b	184.67b	166.91a	139.27ab
	G3	158.17a	192.36a	171.33a	146.73a
有效磷（mg/kg）	CK	28.16c	32.66c	27.82c	25.09c
	G1	33.64b	38.47b	40.13b	35.77a
	G2	34.13b	39.62b	42.87a	32.04b
	G3	37.51a	41.34a	40.36b	36.34a
碱解氮（mg/kg）	CK	151.36d	156.73d	139.91c	134.13c
	G1	183.60c	192.34c	181.31b	162.72b
	G2	191.73b	203.47b	186.63ab	177.85a
	G3	203.28a	213.76a	193.07a	179.10a
有机质（g/kg）	CK	39.33c	41.53c	36.34c	31.71c
	G1	45.09b	46.63b	42.48b	39.10b
	G2	46.37b	46.51b	41.94b	39.38b
	G3	48.21a	49.97a	44.35a	41.47a

注：同列不同字母表示各处理在 0.05 水平上差异显著。

2.2.3　绿肥不同翻压量处理对土壤微生物总数的影响

由表 6-10 可知，翻压油菜的 3 个处理在烟叶生长的多个时期微生物总数均显著高于对照，且不同微生物总数随着烟株的生长呈现先增加后回落的趋势，但最高峰值出现的时期存在差异。其中，处理细菌总数除团棵期 G1 处理略低于对照外，其余各个时期均显著高于对照，在成熟期最为明显，达到对照的 1.16～2.48 倍，且峰值均出现在成熟期，G2 和 G3 处理之间在各时期无明显的差异，但均显著高于 G1 处理。3 个处理真菌总数在各个时期均要高于对照，在成熟期最为明显，达到对照的 1.31～2.67 倍，但峰值均在旺长期出现，G2 和 G3 处理在团棵期和采收期无明显差异，但显著高于 G1 处理。3 个处理放线菌总数在移栽期、旺长期、成熟期和采收期均显著高于对照，并在团棵期差异最为明显，达到对照的 1.50～5.82 倍，但峰值均出现在成熟期，G2 处理显著高于 G1 和 G3 处理。由此可见，油菜翻压后土壤中微生物总数得到极大的丰富，但是烟株成熟期处理和对照的细菌和放线菌的生长均受到了抑制，而处理和对照的真菌生长在烟株发育到旺长期时才受到抑制。

表 6-10 绿肥不同翻压量对根际土壤微生物总数的影响

时期	处理	细菌（×10^6 CFU/g）	真菌（×10^3 CFU/g）	放线菌（×10^4 CFU/g）
团棵期	CK	2.95±0.2d	7.8±0.3c	9.3±0.3c
	G1	3.22±0.5c	13.3±1.0b	12.0±0.7b
	G2	5.25±0.9b	16.8±2.4a	12.3±6.2b
	G3	5.43±0.2a	16.2±1.5a	16.4±12a
旺长期	CK	8.16±4.4b	31.5±1.7c	15.1±0.1d
	G1	8.04±1.2b	43.5±3.5b	22.8±0.3c
	G2	12.07±0.8a	59.1±7.9a	88.0±4.5a
	G3	11.65±1.2a	39.3±1.5c	56.7±3.4b
成熟期	CK	13.76±4.5c	15.7±1.4c	66.1±5.8c
	G1	16.06±1.1b	20.6±2.3c	84.4±7.1b
	G2	28.85±1.9b	42.2±8.6a	100.3±6.9a
	G3	34.23±2.2a	34.7±3.8b	68.7±9.7c
采收期	CK	8.63±0.6d	10.4±3.3c	33.9±2.9c
	G1	14.44±0.7c	13.3±0.9b	61.9±3.3b
	G2	17.93±0.9b	27.0±2.3a	79.3±7.4a
	G3	20.98±1.8a	28.2±1.2a	62.1±2.5b

注：同列不同字母表示各处理在 0.05 水平上差异显著。

2.2.4 绿肥不同翻压量处理对烤烟农艺性状的影响

农艺性状调查结果表明，成熟期油菜绿肥不同翻压量能显著提高株高、最大叶长、最大叶宽和有效叶数，但是对茎围的影响趋势不同。由表 6-11 可知，成熟期烟株株高、最大叶长和最大叶宽分别增加了 5.24% ~ 8.60%、3.74% ~ 7.98% 和 8.39% ~ 21.79%，处理间株高、最大叶长和有效叶数无显著差异，但均高于对照，最大叶宽和茎围 G2 处理显著高于其他两处理。整体来看，3 个时期油菜不同翻压量施用均能促进烟株的生长，其中以 G2 处理（15 000 kg/hm²）最佳（表 6-11）。

表 6-11 绿肥不同翻压量对烤烟农艺性状的影响

时期	处理	株高（cm）	最大叶长（cm）	最大叶宽（cm）	茎围（cm）	有效叶数
团棵期	CK	9.73a	35.26b	14.59a	5.71b	7.44a
	G1	9.14a	36.93a	14.98a	5.46b	7.38a
	G2	9.89a	37.13a	15.07a	6.17a	7.56a
	G3	9.16a	36.54a	14.34a	5.67b	7.16a
旺长期	CK	84.92c	63.48c	25.29b	7.78c	16.00b
	G1	98.45a	67.81b	26.28b	9.18a	16.00b
	G2	89.69b	68.91b	26.50b	8.61b	16.55a
	G3	84.25c	73.90a	29.58a	7.95c	15.92b

（续表）

时期	处理	株高（cm）	最大叶长（cm）	最大叶宽（cm）	茎围（cm）	有效叶数
成熟期	CK	116.15b	73.48c	33.36c	9.76b	20.35b
	G1	124.61a	76.23b	36.16b	9.76b	21.98a
	G2	129.64a	77.63b	40.63a	10.89a	21.91a
	G3	127.23a	79.35a	37.39b	9.56b	21.70a

注：同列不同字母表示各处理在 0.05 水平上差异显著。

2.2.5 油菜绿肥不同翻压量处理对烤后烟产量、产值的影响

由表 6-12 可知，油菜不同翻压量处理能有效地提高烤烟的产量、产值、均价和中上等烟比例，其中产量增加了 16.94%～31.12%，处理间呈 G2＞G3＞G1 的趋势，G2 产量最高，为 2 271.34 kg/hm²；产值增加了 11.38%～37.62%，也呈 G2＞G3＞G1 的趋势，G2 处理产值最高，为 46 835.03 元/hm²；均价 G2 和 G3 处理有不同程度的提升，而 G1 处理略低于对照。整体来看，翻压油菜能提升烤烟产量，产值等经济指标，以 G2 处理（15 000 kg/hm²）的效果最佳，但各指标随翻压量的增加呈先升高后降低的趋势。

表 6-12 绿肥不同翻压量处理对烤后烟产量、产值的影响

处理	产量（kg/hm²）	产值（元/hm²）	均价（元/kg）	上中等烟比例（%）
CK	1 732.78c	34 031.80c	19.64b	86.37bc
G1	1 960.03b	37 906.98bc	19.34b	88.68a
G2	2 271.34a	46 835.03a	20.62a	89.13a
G3	2 016.84b	44 800.67b	20.23a	89.09b

2.2.6 绿肥不同翻压量处理对烤后烟化学成分的影响

通过对烤烟 C3F（中橘三）的钾、氯、总氮、还原糖、总糖及烟碱的测定，结果见表 6-13。绿肥不同翻压量处理后中部烟叶化学成分除两糖（还原糖、总糖）略高外，其余成分均处于优质烟叶适宜范围内，翻压绿肥后钾含量各处理均有不同程度的增加，其中 G2 处理增加最显著，增加了 11.90%；氯含量表现为下降趋势，以 G3 处理下降幅度最大；还原糖及总糖有明显的降低，其中 G1 处理降低幅度最大，两糖含量虽然有了很大下降，但仍略高于优质烟叶的范围；总氮和烟碱含量提升显著，总氮含量较对照提升了 1.13%～5.08%，烟碱含量提升了 7.72%～15.55%，且均达到优质烟叶的标准含量；氮碱比较对照有所下降，但下降不大，均处于合理的范围内；两糖比无明显的趋势；而糖碱比较对照下降明显，下降幅度达 9.90%～18.89%。总体来看，绿肥翻压能有效提高中部烟叶烟碱、总氮和钾的含量，降低中部烟叶两糖和氯的含量，以 G2 处理（15 000 kg/hm²）对中部烟叶钾含量的提升和两糖的降低最明显，以 G3 处理（22 500 kg/hm²）对中部烟叶烟碱、总氮含量的提升最明显（表 6-13）。

表 6-13 绿肥不同翻压量处理对烤后烟化学成分的影响

处理	钾 （％）	氯 （％）	总氮 （％）	还原糖 （％）	总糖 （％）	烟碱 （％）	氮碱比	两糖比	糖碱比
CK	1.68c	0.32a	1.77b	29.70a	30.40a	1.80c	0.98a	0.97a	16.89a
G1	1.74b	0.31a	1.79ab	27.08c	27.78d	1.94b	0.92a	0.97a	14.31c
G2	1.88a	0.29a	1.81ab	28.61a	29.38b	1.93b	0.94a	0.98a	15.22b
G3	1.84a	0.28b	1.86a	27.25c	28.51c	2.08a	0.89a	0.97a	13.70c

注：同列不同字母表示各处理在 0.05 水平上差异显著。

2.2.7 绿肥不同翻压量处理对烟叶外观质量的影响

一般认为，优质烟叶成熟度好，叶片油润弹性好，结构疏松且色度浓，叶面呈现出橘黄或橘红色，由表 6-14 可知，处理的烟叶颜色得分高于对照，处理间没有差异；烟叶成熟度 G1 处理的得分高于 G2、G3 处理和对照；叶片结构得分表现为 G1 和 G3 处理高于 G2 和对照；身份表现为 G3 处理得分低于 G1、G2 处理和对照，烟叶的色度得分 G2 处理最低，其他处理和对照之间没有差异。总体来看，各处理烟叶颜色橘黄或柠檬黄，成熟度好，身份适中，叶片结构较好，但油分和色度有所不足，对各指标进行综合处理得到烟叶外观质量的总得分，表现为 G1＞G3＞G2＞CK，总得分以 G1 处理最高（表 6-14）。

表 6-14 绿肥不同翻压量处理对烟叶外观质量的影响

处理	颜色 （10分）	成熟度 （10分）	叶片结构 （10分）	身份 （10分）	油分 （10分）	色度 （10分）	总分 （100分）
CK	7.0b	7.0b	8.0b	6.5a	5.0a	5.5a	65.0
G1	8.0a	8.0a	8.5a	6.5a	5.0a	5.5a	69.2
G2	8.0a	7.0b	8.0b	6.5a	4.5b	5.0b	65.1
G3	8.0a	7.0b	8.5a	6.0b	4.5b	5.5a	65.8

注：同列不同字母表示各处理在 0.05 水平上差异显著。

2.2.8 绿肥不同翻压量处理对烟叶感官质量的影响

由表 6-15 可知，烟叶的香气质、香气量、杂气等 G3 处理得分表现得最好，G2 处理次之，G1 处理和对照相较 G2、G3 处理表现得最差；余味、圆润度、干燥感得分表现为 G3＞G2＞CK＞G1，G3 处理得分表现得最好，G1 处理得分表现得最差；刺激性得分表现为 G3 处理高于 G2、G1 处理。整体来看，G3 处理的香气质较好，香气量较足，杂气和刺激性微有，余味尚舒适，对各指标进行综合处理得出烟叶感官质量的总得分，得分以 G3 处理最高；对烟支进行焦甜香韵风格评价，其中 G3、G2 处理焦甜香风格较明显（＞70 分）。

表 6-15 绿肥不同翻压量处理对烟叶感官质量的影响

处理	香气质 （5分）	香气量 （5分）	杂气 （5分）	余味 （5分）	刺激性 （5分）	浓度 （5分）	劲头 （5分）	圆润感 （5分）	干燥感 （5分）	总分 45分制	总分 100分制	焦甜香评吸得分 （100分）
CK	3.00	2.95	2.91	3.14	3.36	3.45	3.36	3.14	3.05	28.36	63.02	68.09
G1	3.00	2.95	2.91	3.05	3.32	3.18	3.23	2.95	28.64	63.64	69.90

（续表）

处理	香气质（5分）	香气量（5分）	杂气（5分）	余味（5分）	刺激性（5分）	浓度（5分）	劲头（5分）	圆润感（5分）	干燥感（5分）	总分		焦甜香评吸得分（100分）
										45分制	100分制	
G2	3.32	3.32	3.18	3.14	3.27	3.32	3.27	3.27	3.14	29.23	64.95	75.27
G3	3.50	3.55	3.45	3.23	3.41	3.32	3.41	3.45	3.27	30.59	67.97	81.81

2.3 结论

试验结果表明，翻压油菜后土壤的微生物数量明显增加；烟株农艺性状得到了提升；产量增加，均价和中上等烟比例有所升高，其中 G2 处理的产量和产值最高；G1 处理的外观质量得分最高，而感官质量及焦甜香评吸得分均以 G3 处理最高。

第二节　土壤改良剂对烟叶产质量及焦甜香特色的影响

1　材料与方法

1.1　试验材料

供试烤烟品种：云烟 87。

土壤调节剂：歌地康和田富康，其中，歌地康土壤调理剂巯基硅≥45%，可固化重金属，提高作物根际氧化还原力，中和土壤酸性；田富康土壤调理剂抑制植物对重金属的吸收和运输，可补充大中量元素，中和土壤酸性。

1.2　试验设计

试验根据不同土壤调理剂设 2 个处理，1 个对照，处理和对照均设 3 次重复。对照：不施用土壤调理剂。处理 1：歌地康土壤调理剂 75 kg/hm² （推荐用量）。处理 2：田富康土壤调理剂 750 kg/hm² （推荐用量）。种植行株距为 110 cm×50 cm，要求土地平整，中等土壤肥力且肥力均匀，各项管理措施均相同。

1.3　试验方法

1.3.1　土壤理化性质分析

按照 NY/T 1121—2006 系列标准测定不同时期土壤中有机质、水解性氮、速效钾、有效磷、铅、总砷、总汞、镉、铬、铜、锌的含量，以及土壤 pH。

1.3.2　烟草农艺性状调查

按照 YC/T 142—2010 调查烟株农艺性状。

1.3.3　烟叶经济性状测定

参考 GB 2635—92 进行分级，并计算上、中、下等级烟叶的重量、均价和产值。

1.3.4　外观质量评价

按照 GB/T 18771.4—2015，对烟叶的颜色、成熟度、叶片结构、身份、油分、色度进行量化评分。

1.3.5 烟叶常规化学成分分析

取初烤后烟叶进行常规化学成分分析，测定烟碱、总糖、还原糖、总氮、钾、氯、蛋白质等含量。

1.3.6 烟叶感官质量评价

烟叶成熟采收烘烤后，选取具代表性的中部烟叶 C3F 等级烟叶切丝，卷制成长 84 mm、圆周 24.5 mm 的单料烟支，置于（22±1）℃和相对湿度（60±2）%的环境中调节含水率 48 h。按照 GB 5606.4—2005 进行评吸。评吸的指标包括香气质、香气量、劲头、余味、杂气、浓度、柔和程度、圆润感、干燥感等，依据评分的分值判别烟叶品质。

1.4 数据分析

数据采用 Excel 2010 和 SPSS 23.0 进行分析和处理。

2 结果与分析

2.1 不同处理的土壤理化性质分析

使用歌地康和田富康调节剂之后土壤的 pH、有机质含量、镉含量均有所下降。使用田富康后土壤的速效钾、有效磷含量明显高于使用歌地康的。使用歌地康后土壤中锌的含量始终高于同时期使用田富康土壤的（表6-16）。

表 6-16 不同处理的土壤理化性状分析

指标	5 月 23 日			6 月 23 日			7 月 23 日		
	对照	歌地康	田富康	对照	歌地康	田富康	对照	歌地康	田富康
pH	7.81	7.28	7.28	6.39	6.78	6.64	6.86	6.73	6.42
有机质（g/kg）	32.8	30.2	31.3	35.1	33.1	30.7	36.2	34.8	32.2
水解性氮（mg/kg）	78.6	94.0	76.1	111.0	76.2	93.7	83.1	77.7	95.6
速效钾（mg/kg）	136	150	314	1 671	585	1 055	878	572	1 300
有效磷（mg/kg）	17.6	15.1	22.7	32.7	22.0	30.4	39.1	28.1	62.3
铅（mg/kg）	30.4	31.6	30.4	33.0	32.1	31.0	33.5	30.4	31.9
总砷（mg/kg）	11.2	11.8	11.5	11.7	11.6	11.9	12.0	12.1	12.3
总汞（mg/kg）	0.23	0.24	0.22	0.23	0.24	0.25	0.24	0.27	0.25
镉（mg/kg）	1.32	1.14	1.10	1.20	1.17	1.17	1.28	1.18	1.18
铜（mg/kg）	34.4	18.8	19.6	22.1	34.5	18.7	27.9	36.6	19.1

（续表）

指标	5月23日			6月23日			7月23日		
	对照	歌地康	田富康	对照	歌地康	田富康	对照	歌地康	田富康
锌（mg/kg）	104	107	97	192	156	114	116	107	104
铬（mg/kg）	97	107	97	106	97	110	104	100	101

2.2　烟株农艺性状分析

使用歌地康和田富康后，与对照相比，烤烟在叶数、叶长、叶宽、茎围和株高上均有所增加，但均无显著差异，说明两种土壤调节剂对烟株的农艺性状影响不大（表6-17）。

表6-17　不同处理烤烟的农艺性状方差分析

日期	处理	叶数（片）	叶长（cm）	叶宽（cm）	茎围（cm）	株高（cm）
5月23日	对照	9.20a	28.81a	12.25a	3.21a	4.57a
	歌地康	9.40a	28.95a	12.65a	3.29a	4.86a
	田富康	9.60a	29.47a	12.72a	3.79a	5.01a
6月23日	对照	22.27a	75.59a	32.29a	9.61a	110.89a
	歌地康	22.73a	77.38a	32.39a	9.72a	115.12a
	田富康	22.93a	79.07a	33.03a	9.79a	114.65a
7月23日	对照	22.20a	76.53a	32.29a	9.61a	110.89a
	歌地康	22.80a	77.38a	32.31a	9.75a	114.01a
	田富康	22.93a	78.13a	33.11a	9.76a	115.76a

注：同列不同字母表示各处理在0.05水平上差异显著。

2.3　烟叶经济性状分析

使用歌地康后烟叶产值、中上等烟比例和均价显著高于对照，使用田富康后烟叶产量显著高于对照；2种土壤调节剂在烟叶的产值和中上等烟比例方面无明显差异（表6-18）。

表6-18　不同处理的烤烟经济性状分析

处理	产量（kg/hm²）	产值（元/hm²）	均价（元/kg）	中上等烟比例（%）
对照	2 018.1b	39 364.20ab	19.58b	75b
歌地康	1 969.5b	2 837.38b	21.61a	83a
田富康	2 148.6a	41 597.00a	19.36b	78ab

注：同列不同字母表示各处理在0.05水平上差异显著。

2.4　烟叶外观质量分析

对照和使用歌地康的烟叶外观质量得分高于使用田富康的（表6-19）。颜色为柠檬黄至橘黄，成熟度较好，叶片结构疏松，身份中等，油分多，色度强，外观质量较好。

表6-19　不同处理的烤烟中部叶的外观质量评价

处理	颜色（10分）	成熟度（10分）	叶片结构（10分）	身份（10分）	油分（10分）	色度（10分）	总分（100分）
对照	8.0	8.0	8.0	7.5	7.0	6.5	75.0
歌地康	8.0	8.0	8.5	7.5	6.5	6.5	75.0
田富康	6.5	7.0	8.0	8.0	6.5	6.0	70.0

2.5　烟叶化学成分分析

一般认为，优质烟叶化学成分含量的适宜范围：总氮1.5%~3.5%，还原糖含量16%~18%，烟碱为1.5%~3.5%，钾2%以上，氯1%以下，氮碱比以1:1或小于1为宜，氯钾比以大于4:1为宜。由表6-20可知，除还原糖外，各项指标均满足优质烟叶的要求。使用歌地康后烟叶的总氮含量及石油醚提取物含量有所降低，而灰分较高；使用田富康后烟叶的石油醚提取物、含氮化合物、钾、氯含量均有所提高，而灰分较使用歌地康的低。

表6-20　不同处理的烤烟化学成分分析

处理	还原糖（%）	石油醚提取物（%）	总氮（%）	烟碱（%）	氮碱比	氯（%）	钾（%）	钾氯比	灰分（%）
对照	16.2	7.35	2.34	3.51	0.67	0.16	2.63	16.44	10.73
歌地康	15.9	6.00	2.30	3.21	0.72	0.14	2.60	18.57	13.44
田富康	14.0	7.90	2.38	3.57	0.67	0.20	2.71	13.55	12.92

2.6　烟叶感官质量分析

从表6-21中可以看出，使用田富康后烟叶的感官质量得分高于对照和歌地康处理。烟叶的香气质较好，香气量较足，杂气和刺激性微有，余味尚舒适，柔和程度和细腻程度较好。从焦甜香评吸得分看，田富康对烟叶的焦甜香彰显有所促进。

表6-21　不同处理的烤烟感官评吸质量

处理	劲头（5分）	浓度（5分）	香气质（5分）	香气量（5分）	杂气（5分）	余味（5分）	刺激性（5分）	柔和程度（5分）	细腻程度（5分）	圆润感（5分）	干燥感（5分）	总分（100分）	焦甜香评吸得分（100分）
对照	4.2	4.1	3.0	3.5	2.9	3.1	2.9	2.9	3.0	3.0	3.3	71.8	56.8
歌地康	4.0	3.9	3.1	3.3	3.0	3.1	2.9	3.0	2.9	3.1	3.0	70.6	55.8
田富康	3.9	3.9	3.2	3.4	3.3	3.2	3.2	3.2	3.1	3.0	3.2	73.2	60.0

3 结论

试验结果表明，土壤调节剂能够使土壤理化性状得以改善，降低土壤中镉离子的含量；对烟株的生长无明显影响；使用歌地康能提高烟叶的经济性状，改善烟叶的外观质量，降低烟叶中总氮的含量；使用田富康能提高烟叶的致香物质含量，改善烟叶的感官质量，对烟叶的焦甜香彰显有所促进。

第三节　有机肥对烟叶产质量及焦甜香特色的影响

1　材料与方法

1.1　试验材料

烤烟品种：云烟87。

有机肥：康巴金牦牛粪生物有机肥，由四川康巴金农牧业开发有限公司生产，有效活菌数≥0.2亿/g，有机质≥45%，总养分≥5%；益植生有机肥由四川国科中农生物科技有限公司生产，有效活菌数≥0.20亿/g，有机质≥40%，含巨大芽孢杆菌、胶冻样类芽孢杆菌；油枯有机肥由四川金叶化肥有限公司生产，总养分（N、P、K）（以烘干基质算）≥5%，有机质（以烘干基质算）≥40%。

其他肥料：烟草复混肥料（总养分≥50%，10-15-25）和硫酸钾（K_2O≥50%）。

1.2　试验地点

兴文县周家镇，选择地势较平坦、土壤肥力一致、前一年未种植过烟草的地块为试验地。

1.3　试验设计

CK：不施用有机肥，施用化肥作基肥（复混肥20 g/株和硫酸钾4.5 g/株，N：P_2O_5：K_2O=10：15：25）。

T1：益菌生有机肥（250 g/株），化肥用量为CK的70%。

T2：康巴金牦牛粪有机肥（250 g/株），化肥用量为CK的70%。

T3：油枯有机肥（250 g/株），化肥用量为CK的70%。

有机肥作基肥条施，行株距为110 cm×60 cm，密度为15 000株/hm²。试验每小区栽烟3行，每行栽种10株，共计30株/小区。精细化整地、起垄，通过统一的大田管理减少人为误差，各项农事操作均在同一天内完成。当烟株50%达现蕾至中心花开放进行一次性打顶，并确保上部叶能开片。

1.4　试验方法

1.4.1　烟草农艺性状调查

按照YC/T 142—2010调查农艺性状。

1.4.2　烟叶经济性状测定

参考GB 2635—92进行分级，并计算上、中、下等级烟叶的重量、均价和产值。

1.4.3　外观质量评价

按照 GB/T 18771.4—2015，对烟叶的颜色、成熟度、叶片结构、身份、油分、色度进行量化评分。

1.4.4　烟叶常规化学成分分析

取初烤后烟叶进行常规化学成分分析，测定烟碱、总糖、还原糖、总氮、钾、氯、蛋白质等含量。

1.4.5　烟叶感官质量评价

烟叶成熟采收烘烤后，选取具代表性的中部烟叶 C3F 等级烟叶切丝，卷制成长84 mm、圆周24.5 mm的单料烟支，置于（22±1）℃和相对湿度（60±2）%的环境中调节含水率48 h。按照 GB 5606.4—2005 进行评吸。评吸的指标包括香气质、香气量、劲头、余味、杂气、浓度、柔和程度、圆润感、干燥感等，依据评分的分值判别烟叶品质。

1.5　数据分析

数据采用 Excel 2010 和 SPSS 23.0 进行分析和处理。

2　结果与分析

2.1　烟株农艺性状分析

对于株高而言，伸根期和成熟期 CK 显著低于其余处理，且以处理 T3 最高，分别为 12.76 cm 和 101.25 cm，在旺长期 CK 显著高于 T2 和 T3 处理，与 T1 处理差异不显著；叶数和最大叶长在各时期 CK 与各处理均无显著差异；在伸根期 CK 的茎围显著低于其余处理，旺长期及成熟期 CK 与处理之间无显著差异，伸根期 T2 处理、旺长期和成熟期 T3 处理最粗；最大叶宽旺长期和成熟期 CK 显著高于处理，分别为 28.53 cm 和 33.55 cm，伸根期显著低于 T1 和 T2 处理，与 T3 处理差异不显著（表6-22）。

表6-22　不同处理烤烟农艺性状分析

时期	处理	株高（cm）	叶数（片）	茎围（cm）	最大叶长（cm）	最大叶宽（cm）
伸根期	CK	10.45b	8.40a	4.12b	32.61a	13.33b
	T1	11.81a	8.67a	4.67a	34.49a	14.93a
	T2	12.27a	8.40a	4.54a	34.63a	14.69a
	T3	12.76a	8.21a	4.42a	34.76a	13.81ab
旺长期	CK	95.13a	24.00a	7.25a	56.87a	28.53a
	T1	95.90a	24.40a	7.09a	55.30a	27.40b
	T2	93.33b	23.89a	6.97a	54.00a	26.67c
	T3	92.31b	24.23a	7.38a	57.15a	26.92c

（续表）

时期	处理	株高（cm）	叶数（片）	茎围（cm）	最大叶长（cm）	最大叶宽（cm）
成熟期	CK	96.67c	19.67a	8.46a	65.87a	33.55a
	T1	98.75b	19.67a	8.63a	63.30a	30.40c
	T2	97.18b	19.82a	8.23a	63.00a	31.48b
	T3	101.25a	19.52a	8.71a	64.15a	32.13b

注：同列不同字母表示各处理在 0.05 水平上差异显著。

2.2 烟叶经济性状分析

T3 处理产值、产量、均价及中上等烟比例均显著高于其余各处理，分别为 37 732.05 元/hm²、2 045.10 kg/hm²、18.45 元/kg 和 81%，经济性状表现得最好，而处理 T2 的产值、产量和中上等烟比例较其他处理差（表6-23）。

表 6-23　不同处理烤烟经济性状分析

处理	产值（元/hm²）	产量（kg/hm²）	均价（kg/元）	中上等烟比例（%）
CK	29 877.60b	1 854.00b	16.12b	72b
T1	31 269.60b	1 818.00b	17.20b	74b
T2	29 355.60c	1 773.75c	16.55b	70c
T3	37 732.05a	2 045.10a	18.45a	81a

注：同列不同字母表示各处理在 0.05 水平上差异显著。

2.3 烟叶外观质量分析

总分（100分制）以 T2 处理施用牦牛粪有机肥最高，为 78.00，T1 处理施用益植生有机肥（77.75）次之，T3 处理施用油枯有机肥（76.75）与 CK 处理（76.45）相差不大。从单个指标来看，每个处理之间成熟度分值一致；处理的色度分值均高于CK；身份的分数均低于CK；处理 T1 和 T2 处理颜色分值均为 2.55，CK 和 T3 处理为 2.40；T2 处理结构分值最高、油分分值最低。除 CK 烟叶色度较其余处理偏暗外，烟叶整体表现出颜色柠檬、成熟适中、叶片结构疏松，但身份稍薄、油分稍有的特点（表6-24）。

表 6-24　不同处理烟叶外观质量分析

处理	颜色（0.30）	成熟度（0.25）	叶片结构（0.15）	身份（0.12）	油分（0.10）	色度（0.08）	总分	
							10分制	100分制
CK	2.40	2.00	1.28	0.84	0.65	0.48	7.65	76.45
T1	2.55	2.00	1.28	0.78	0.65	0.52	7.78	77.75
T2	2.55	2.00	1.35	0.78	0.60	0.52	7.80	78.00
T3	2.40	2.00	1.28	0.78	0.70	0.52	7.68	76.75

注：括号内数值为不同指标的权重。

2.4　中部烟叶化学成分含量及协调性分析

　　T2 处理钾含量显著低于其余处理，总氮、烟碱含量显著高于其余处理；氯含量在每个处理之间无显著差异；总糖和还原糖含量各处理间无明显差异（图 6-1）。

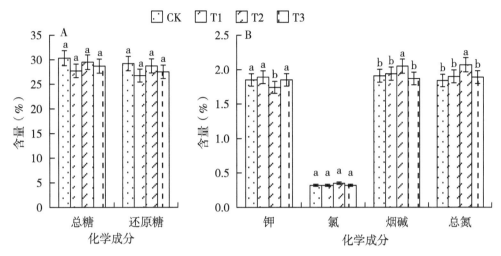

图 6-1　不同处理烟叶化学成分

注：柱上不同小写字母表示各处理在 0.05 水平上差异显著。

　　总分以 T2 处理最高，为 77.56，协调性表现得最好，其次分别是 T1 和 T3 处理，分别为 77.54 和 74.01，CK 处理最低，为 71.30。从单个指标来看，烟碱分值以 T2 处理最高，为 92.31，T3 处理最低，为 83.41，CK、T1 处理分别为 85.51 和 86.86；总氮分值以 T2 处理最高（100.00），CK 处理最低（84.37）；还原糖分值 T1 处理最高（76.14），T3 处理次之（72.34），CK 处理最低（63.86），T2 处理为 68.25；钾分值以 T1 处理最高（87.77），CK 和 T3 处理次之（87.07），T2 处理最低（84.78）；糖碱比分值以 T1 处理最高（71.80），T2 处理次之（71.44），CK 处理最低（56.98）；氮碱比均为 100.00；钾氯比以 T2 处理最低（85.19），其余处理间差距较小（表 6-25）。

表 6-25　不同处理烟叶化学成分协调性分析

处理	烟碱 （0.17）	总氮 （0.09）	还原糖 （0.14）	钾 （0.08）	糖碱比 （0.25）	氮碱比 （0.11）	钾氯比 （0.09）	总分 （93分）
CK	85.51	84.37	63.86	87.07	56.98	100.00	89.14	71.30
T1	86.86	89.73	76.14	87.77	71.80	100.00	89.65	77.54
T2	92.31	100.00	68.25	84.78	71.44	100.00	85.19	77.56
T3	83.41	89.42	72.34	87.07	62.63	100.00	89.21	74.01

注：括号内数值为不同指标的权重。

2.5　烟叶感官质量分析

　　感官质量总分（100 分制）由高到低依次是 CK（66.00）＞T3（65.35）＞T1

（63.23）＞T2（62.75），CK 与 T3 处理、T1 与 T2 处理间分值相差都不大。从单个指标来看，香气质、香气量、余味和杂气以 CK 分值最高，表现为香气质最好、香气量最足，烟杂气最小、余味最适；刺激性以 T3 处理分值最高，较其余处理刺激性较小。由于不同处理各指标分值差异不大，因此感官质量总体表现为香气质稍好、香气量较足，但有些许杂气，进而导致余味欠舒适，刺激感较为明显（表6-26）。

表6-26 不同处理烟叶感官质量分析

处理	香气质（0.30）	香气量（0.30）	杂气（0.08）	余味（0.17）	刺激性（0.15）	总分	
						10 分制	100 分制
CK	1.96	2.02	0.52	1.11	0.98	6.60	66.00
T1	1.94	1.91	0.49	1.04	0.95	6.32	63.23
T2	1.88	1.88	0.48	1.04	1.00	6.27	62.75
T3	1.96	1.96	0.50	1.10	1.01	6.54	65.35

注：括号内数值为不同指标的权重。

2.6 综合评价

结合烟叶外观质量、化学成分及感官质量进行综合评价，总分及焦甜香评吸得分由高到低的顺序依次为 T3＞CK＞T1＞T2，表明施用油枯有机肥的 T3 处理烟叶整体质量最好，焦甜香最为突出，但总分之间差异不大，且 CK 综合评价总分和焦甜香评吸得分均高于 T1 和 T2 处理，表明通过施用有机肥增加土壤有机质含量，并不能够提高烟叶总体质量和彰显烟叶焦甜香感（表6-27）。

表6-27 不同处理综合评价

处理	外观质量（0.06）	化学成分（0.22）	感官质量（0.66）	总分（94 分）	焦甜香评吸得分（100 分）
CK	4.59	15.69	43.56	63.83	77.00
T1	4.67	17.06	41.73	63.45	75.50
T2	4.68	17.06	41.41	63.15	74.00
T3	4.61	16.28	43.13	64.02	79.50

注：括号内数值为不同指标的权重。

3 结论

本试验结果表明，有机肥与化肥配合施用，不同处理烟株长势较为一致，差别不大；经济性状以 T3 处理产值、产量、均价最高，中上等烟比例最好；外观质量、化学成分协调性综合评分以 T2 处理最高，质量最好；感官质量以 CK 最好；综合外观质量、化学成分及感官质量的综合评价，以 T3 处理分值最高，焦甜香评吸得分最高，但与其余处理之间差异不大，表明施用有机肥对烟叶焦甜香风格的彰显作用不大。

有机肥相较于化肥，养分全面但释放慢，主要用于改善土壤养分库容，提高土壤供肥能力。同时，有机肥使用能够影响土壤中酶的活性以及微生物种类的丰富度，有利于土壤中养分的释放，利于植株对养分的吸收，因此施用有机肥可提高烟叶经济效益指标。但是，试验结果表明，施用有机肥对宜宾烤烟焦甜香风格特色的彰显影响不大。

第四节　追肥兑水浇施对烟叶产量、质量及焦甜香特色的影响

1　材料与方法

1.1　试验材料

烤烟品种：云烟 87。

1.2　试验地点

兴文县周家镇，选择地势平坦、土壤肥力一致、前一年未种植过烟草的地块为试验地。

1.3　试验设计

对照：追肥干施，分 2 次进行追施，在移栽后 10 d 和 30 d 时追施，烟苗移栽 10 d，称取追肥总量的 30%；移栽 30 d，称取追肥总量的 70%，距烟株 15 cm 处环施，避免肥料与烟株直接接触造成烧苗。

T1：追肥 2 次兑水追施，在移栽后 10 d 和 30 d 时追施，烟苗移栽 10 d，称取追肥总量的 30%；移栽 30 d，称取追肥总量的 70%，置于容器配成质量分数为 1.5% 的溶液，距离烟株 15 cm 处浇施。

T2：追肥 3 次兑水追施，在移栽后 10 d、20 d 和 30 d 时追施，烟苗移栽 10 d，称取追肥总量的 30%；移栽 20 d，称取追肥总量 30%；移栽 30 d，称取追肥总量的 40%，置于容器配成质量分数为 1.5% 的溶液，距离烟株 15 cm 处浇施。

对照和处理均设置 3 次重复，随机排列。肥料的施用量保持一致。行株距为 110 cm×60 cm，种植密度为 15 000 株/hm^2。试验每小区栽烟 3 行，每行栽种 10 株，共计 30 株/小区。精细化整地、起垄，通过统一的大田管理减少人为误差，各项农事操作均在同一天内完成。当烟株 50% 达现蕾至中心花开放进行一次性打顶，并确保上部叶能开片。

1.4　试验方法

1.4.1　烟草农艺性状调查

按照 YC/T 142—2010 调查农艺性状。

1.4.2　烟叶经济性状测定

参考 GB 2635—92 进行分级，并计算上、中、下等级烟叶的重量、均价和产值。

1.4.3　外观质量评价

按照 GB/T 18771.4—2015 对烟叶的颜色、成熟度、叶片结构、身份、油分、色度进行量化评分。

1.4.4　烟叶常规化学成分分析

取初烤后烟叶进行常规化学成分分析，测定烟碱、总糖、还原糖、总氮、钾、氯、蛋白质等含量。

1.4.5　烟叶感官质量评价

烟叶成熟采收烘烤后，选取具代表性的中部烟叶 C3F 等级烟叶切丝，卷制成长 84 mm、圆周 24.5 mm 的单料烟支，置于（22±1）℃和相对湿度（60±2）%的环境中调节含水率 48 h。按照 GB 5606.4—2005 进行评吸。评吸的指标包括香气质、香气量、劲头、余味、杂气、浓度、柔和程度、圆润感、干燥感等，依据评分的分值判别烟叶品质。

1.5　数据分析

数据采用 Excel 2010 和 SPSS 23.0 进行分析和处理。

2　结果与分析

2.1　不同处理烟株农艺性状分析

由表 6-28 可知，在伸根期和旺长期对照和处理烟株的农艺性状差异明显，而在成熟期差异不显著。伸根期，除最大叶宽外，T2 处理的其他农艺指标显著高于对照，与T1 处理差异不显著。T1 处理的叶数显著多于对照。旺长期，T1 处理和对照的株高均显著低于 T2 处理；T1 处理的最大叶长、最大叶宽显著高于 T2 处理和对照。

表 6-28　不同处理烤烟农艺性状的差异分析

时期	处理	株高（cm）	叶数（片）	茎围（cm）	最大叶长（cm）	最大叶宽（cm）
伸根期	CK	15.17b	8.82b	5.11b	39.11b	18.28a
	T1	16.26ab	9.38a	5.30ab	41.00ab	18.46a
	T2	17.58a	9.46b	5.70a	42.55a	19.23a
旺长期	CK	115.08ab	22.75a	7.87a	74.15b	28.86b
	T1	112.50b	22.75a	8.06a	78.03a	29.81a
	T2	117.67a	21.25b	8.03a	75.13b	28.13b
成熟期	CK	102.17a	18.58a	8.25a	—	—
	T1	104.00a	19.00a	8.55a	—	—
	T2	104.08a	18.50a	8.58a	—	—

注：同列不同字母表示各处理在 0.05 水平上差异显著。

2.2　不同处理烟叶经济性状分析

经济性状差异比较如表 6-29 所示。T1 处理的产量和产值显著高于 T2 处理和对照；对照和 T1 处理的中上等烟比例差异不显著，但都显著高于 T2 处理。

表 6-29　不同处理烤烟中、上等烟的经济性状

处理	产量（kg/hm²）	产值（元/hm²）	均价（kg/元）	中上等烟比例（%）
CK	2 022b	36 698b	18.15a	78a

（续表）

处理	产量（kg/hm²）	产值（元/hm²）	均价（kg/元）	中上等烟比例（%）
T1	2 712a	49 630a	18.30a	81a
T2	2 011b	34 911b	17.36a	69b

注：同列不同字母表示各处理在 0.05 水平上差异显著。

2.3 不同处理烟叶外观质量分析

一般认为，优质烟叶成熟度好，叶片油润弹性好，叶片结构疏松且色度浓，叶色呈现橘黄或橘红。T1 处理的外观质量最好（80.10），表现为色度强、有油分、身份适中、叶片结构尚好、成熟度好、叶色橘黄（表 6-30）。

表 6-30 不同处理烤烟中部叶外观质量评价

处理	颜色（0.30）	成熟度（0.25）	叶片结构（0.15）	身份（0.12）	油分（0.10）	色度（0.08）	总分（100分）
CK	8.0	8.0	8.0	7.0	6.0	6.0	75.20
T1	8.5	8.5	8.5	7.0	7.0	6.5	80.10
T2	8.5	8.5	8.5	6.5	6.0	6.5	78.50

注：括号内数值为不同指标的权重。

2.4 不同处理烟叶感官质量分析

由表 6-31 可知，感官质量评分由高到低依次是对照、T2 和 T1 处理，但差异都不大。从焦甜香评吸得分可知，T1 处理的得分最高，为 81.36。

表 6-31 感官质量综合评分比较

处理	香气质（0.30）	香气量（0.30）	杂气（0.08）	余味（0.17）	刺激性（0.15）	总分（100分）	焦甜香评吸得分（100分）
CK	3.27	3.36	3.27	3.27	3.27	68	77.27
T1	3.41	3.45	3.32	3.36	3.32	65	81.36
T2	3.27	3.32	3.18	3.14	3.23	66	75.45

注：括号内数值为不同指标的权重。

3 结论

追肥兑水浇施对烤烟伸根期和旺长期部分农艺性状有促进作用；2 次兑水浇施的烟叶产量、产值优于干施和 3 次兑水浇施。外观质量和焦甜香评吸得分以 2 次兑水浇施效果最好。

第五节　增施氯肥对提高烟叶质量和焦甜香特色的影响

1　材料与方法

1.1　试验材料

供试烤烟品种为云烟87，肥料为氯化钾。

1.2　试验地概况

试验在兴文县周家镇进行，选择地势平坦且土壤肥力一致、前一年未种植烤烟的地块为试验地。土壤基本理化性质：pH 6.20，有机质 37.4 g/kg，水溶性氯 17.9 mg/kg，碱解氮 104.8 mg/kg，速效钾 814.7 mg/kg，有效磷 88.7 mg/kg。

1.3　试验设计

试验采用随机区组设计，通过局部控制的原则，以增施不同量的氯化钾为试验因素。该试验为单因素4水平试验，分别为：处理1（T1），增施氯化钾 30 kg/hm²；处理2（T2），增施氯化钾 60 kg/hm²；处理3（T3），增施氯化钾 120 kg/hm²；对照（CK），按照当地传统施肥方案执行，不增施氯化钾。每个处理3次重复，随机排列。氯化钾作为基肥在移栽时一次性施入。其他栽培措施同大田管理一致。行株距为 110 cm×60 cm，种植密度为 15 000 株/hm²。试验每小区栽烟3行，每行栽种10株，共计30株/小区。精细化整地、起垄，通过统一的大田管理减少人为误差，各项农事操作均在同一天内完成。当烟株50%达现蕾至中心花开放进行一次性打顶，并确保上部叶能开片。

1.4　试验方法

1.4.1　烟草农艺性状调查

按照 YC/T 142—2010 调查农艺性状。

1.4.2　烟叶经济性状测定

参考 GB 2635—92 进行分级，并计算上、中、下等级烟叶的重量、均价和产值。

1.4.3　外观质量评价

按照 GB/T 18771.4—2015 对烟叶的颜色、成熟度、叶片结构、身份、油分、色度进行量化评分。

1.4.4　烟叶常规化学成分分析

取初烤后烟叶进行常规化学成分分析，测定烟碱、总糖、还原糖、总氮、钾、氯含量。

1.4.5　烟叶感官质量评价

烟叶成熟采收烘烤后，选取具代表性的中部烟叶 C3F 等级烟叶切丝，卷制成长 84 mm、圆周 24.5 mm 的单料烟支，置于（22±1）℃和相对湿度（60±2）%的环境中调节含水率48 h。按照 GB 5606.4—2005 进行评吸。评吸的指标包括香气质、香气量、余味等，依据评分的分值判别烟叶品质。

1.5　数据分析

数据采用 Excel 2010 和 SPSS 23.0 进行分析和处理。

2　结果与分析

2.1　氯化钾用量对烤烟农艺性状的影响

农艺性状差异分析结果（表6-32）表明，T3 处理伸根时期株高和最大叶宽显著低于其他处理，旺长期株高、茎围以及最大叶长显著低于其余处理；T2 处理旺长期和成熟期各项指标数值高于其余处理，且成熟期的株高、茎围显著高于其余处理。总体来看，各性状指标数值随着氯化钾施用量的增加呈现先增后减的趋势，表明适宜的氯化钾施用量能够促进烤烟的生长发育。

表 6-32　不同处理烤烟农艺性状分析

时期	处理	叶数（片）	株高（cm）	茎围（cm）	最大叶长（cm）	最大叶宽（cm）
伸根期	CK	8.60a	15.24b	4.54a	28.28b	13.46a
	T1	8.20b	15.46b	4.64a	27.96b	13.98a
	T2	8.80a	16.68a	4.34a	30.42a	13.52a
	T3	8.00b	14.78c	4.32a	27.18b	10.98b
旺长期	CK	19.60a	91.00b	9.18b	58.44b	31.14a
	T1	18.40b	96.64a	9.40a	65.20a	29.74b
	T2	20.00a	98.22a	9.74a	66.32a	31.28a
	T3	20.00a	90.76b	9.06b	60.98b	28.58b
成熟期	CK	23.60a	113.82b	10.84b	68.24b	36.34b
	T1	21.40b	115.70b	10.46b	72.10a	37.74b
	T2	24.60a	117.02a	11.02a	75.21a	40.28a
	T3	24.20a	110.04c	10.04b	69.58b	38.58b

注：同列不同字母表示各处理在 0.05 水平上差异显著。

2.2　氯化钾施用量对烤烟经济性状的影响

3 个处理产值、均价及中上等烟比例均较 CK 有所增加，且随氯化钾施用量的增加呈现先增后减的趋势，其中，T2 处理产值和中上等烟比例显著高于其余处理，经济性状最优（表6-33）。

表 6-33　不同处理烤烟经济性状分析

处理	产值（元/hm²）	产量（kg/hm²）	均价（kg/元）	中上等烟比例（%）
CK	40 395.45c	2 063.10a	19.58b	68.28c
T1	43 857.45b	2 029.50a	21.61a	75.04b
T2	48 789.60a	2 088.60a	23.36a	79.34a
T3	41 050.50c	2 020.20b	20.32b	72.21b

注：同列不同字母表示各处理在 0.05 水平上差异显著。

2.3 氯化钾施用量对中部烟叶外观质量的影响

烤烟外观质量的综合评价得分以 T2 处理最高，为 78.30；T1 处理其次，为 76.80；T3 处理最低，为 73.80；不同处理间差异不明显。烟叶外观质量总体表现为色度强、油分有、身份适中、叶片结构尚好、成熟度好和叶色柠檬黄或橘黄（表 6-34）。

表 6-34 不同处理烟叶外观质量分析

处理	颜色 (0.30)	成熟度 (0.25)	叶片结构 (0.15)	身份 (0.12)	油分 (0.10)	色度 (0.08)	总分	
							10 分制	100 分制
CK	2.55	1.75	1.20	0.96	0.65	0.52	7.63	76.30
T1	2.40	1.88	1.12	1.02	0.70	0.56	7.68	76.80
T2	2.40	2.00	1.20	1.02	0.65	0.56	7.83	78.30
T3	2.25	1.88	1.12	0.96	0.65	0.52	7.38	73.80

注：括号内数值为不同指标的权重。

2.4 氯化钾施用量对中部烟叶化学成分含量及协调性的影响

从图 6-2 可以看出，不同氯化钾施用量对烤烟中部叶的钾、氯和总糖等化学成分含量的变化如下。CK 的钾含量最高，为 2.58%，T1 处理其次，为 2.27%，T2 处理最低，为 1.73%；CK 显著高于各施钾处理，T1 与 T3 处理差异不显著，但均显著高于 T2 处理。氯含量：T1 处理最高，为 0.30%，T2 处理其次，为 0.24%，CK 最低，为 0.15%；各施氯均显著高于 CK，T1 处理显著高于 T2 和 T3 处理。总糖和还原糖：T3 处理最高，分别为 24.3% 和 26.32%，T2 处理其次，分别为 22.1% 和 22.52%，CK 最低，分别为 19.4% 和 20.25%；T3 处理显著高于其余处理，T2 处理显著高于 T1 处理和 CK，T1 处理与 CK 差异不显著。总氮和烟碱：T1 处理的总氮含量最高，为 2.44%，CK 的烟碱含量最高，为 3.14%，T3 处理的总氮和烟碱含量均为最低，分别为 2.10% 和 2.69%。总体来看，施用氯化钾，有利于总糖和还原糖的积累，不利于钾含量的增加。

烟叶化学成分协调性分析结果表明，随氯化钾施用量的增加，烟碱、糖碱比和钾氯比的分值呈增大趋势，还原糖和氮碱比的分值则呈减小趋势，总氮分值则无差异。3 个处理总分之间差别不大，但均高于 CK，表明施用氯化钾有利于烟叶化学成分协调性的提高（表 6-35）。

表 6-35 不同处理烟叶化学成分协调性分析

处理	烟碱 (0.17)	总氮 (0.09)	还原糖 (0.14)	钾 (0.08)	糖碱比 (0.25)	氮碱比 (0.11)	钾氯比 (0.09)	总分 (93 分)
CK	66.00	100.00	100.00	100.00	86.33	85.92	100.00	82.25
T1	85.00	100.00	100.00	95.40	89.19	91.81	97.85	86.29
T2	91.00	100.00	97.40	84.60	95.28	88.80	96.05	87.11
T3	100.00	100.00	78.40	93.00	100.00	88.71	100.00	88.17

注：括号内数值为不同指标的权重。

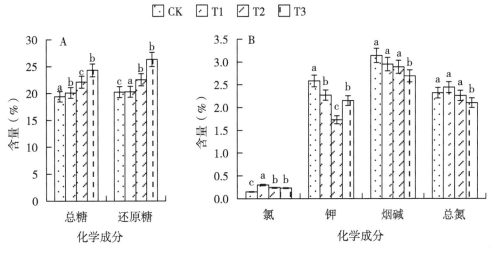

图 6-2　不同处理烟叶化学成分分析

注：柱上不同小写字母表示各处理在 0.05 水平上差异显著。

2.5　氯化钾施用量对中部烟叶感官质量的影响

3 个处理的总分（100 分制）均高于 CK，其中，T2 处理总分最高，为 74.40。随着氯化钾用量的增加，香气质、香气量、杂气和余味的分值呈先增后减的趋势，有利于提高烟叶的香气质和香气量、降低对烟叶吸食不利的青杂气等，改善烟叶香吃味，使烟叶整体吸食质量得到提高（表 6-36）。

表 6-36　不同处理烟叶感官质量分析

处理	香气质 （0.30）	香气量 （0.30）	杂气 （0.08）	余味 （0.17）	刺激性 （0.15）	总分	
						10 分制	100 分制
CK	0.99	1.08	0.26	0.60	0.53	3.46	69.20
T1	1.08	1.08	0.28	0.60	0.51	3.55	71.00
T2	1.08	1.20	0.29	0.61	0.54	3.72	74.40
T3	1.05	1.17	0.26	0.58	0.54	3.60	72.00

注：括号内数值为不同指标的权重。

2.6　综合评价

对烟叶外观质量、化学成分和感官质量进行综合评价的结果表明，施用氯化钾的处理总分和焦甜香评吸得分均高于 CK，且以 T2 处理总分最高，分别为 72.96 和 69.25，表明增施氯化钾用量 60 kg/hm² 最为适宜，烟叶综合质量最好，焦甜香风格特征最为突出。除化学成分随氯化钾的增加分值逐渐升高外，外观质量和感官质量均随氯化钾施用量的增加而有先增后减的趋势（表 6-37）。简单相关分析结果表明，氯化钾施用量与焦甜香评吸得分的相关系数为 0.596，与总分的相关系数为 0.458，但均不存在显著相关性。

表 6-37　不同处理综合评价

处理	外观质量 (0.06)	化学成分 (0.22)	感官质量 (0.66)	总分 (94分)	焦甜香评吸得分 (100分)
CK	4.60	18.10	45.54	68.24	55.00
T1	4.60	18.98	48.86	72.44	69.00
T2	4.70	19.16	49.10	72.96	69.25
T3	4.40	19.40	47.52	71.32	67.33

注：括号内数值为不同指标的权重。

3　结论

试验结果表明，农艺性状各指标随着氯化钾施用量的增加呈现先增后减的趋势，适宜的氯化钾施用量可促进烤烟的生长发育；增施氯化钾，初烤烟叶产量和产值提高，总糖、还原糖含量有所增加，烟碱含量有所降低，氯含量适中，外观质量有所提高；增加吸食香气质量，减少吸食杂气，但施氯量与评吸各指标间的相关性不显著。氯化钾施用量与化学成分多个指标存在极显著或显著相关性，可能是由于氯和钾影响代谢途径中酶的活性，进而影响化学成分的合成与积累；烟叶氯含量与氯化钾施用量之间不存在正相关，其原因可能是烟株对氯的吸收和转运受介质中氯含量、环境温度、土壤通气、pH 和光照等因素的影响，导致氯利用率随氯化钾施用量的增加而有所降低，进而导致烟叶氯含量并未随氯化钾施用的增加而增加。施用氯化钾，烟叶氯含量较对照明显增加，焦甜香评吸得分、香吃味及评吸质量有所提高，其原因可能氯进入植株体内，维持细胞正常的膨胀压，提高细胞渗透势和水势，促进作物光合作用，为碳水化合物的合成、积累以及致香物质的合成提供能量；同时，改变作物根际 pH，促进作物对 NH_4^+ 的吸收，抑制氮素的硝化作用，植株体内 NO_3^- 含量降低，氨基酸和蛋白质含量增加，增加的游离氨基酸可能参与烟叶致香前体物质的形成，进而影响烟叶风格特色的形成。但浓香型凸显度、中间香型彰显度以及上部烟叶清香型典型性的提高与烟叶氯含量存在负相关性，因此，增施氯化钾，虽然能够提高烟叶的香吃味，彰显烟叶风格特征，但仍要综合考虑各种因素对烤烟风格特征形成的影响。

本试验地块土壤水溶性氯含量为 17.9 mg/kg，烤烟产值和质量综合评价以施用氯化钾 60 kg/hm² 最好。因此，在宜宾土壤氯含量较低的地区，可通过增施氯化钾提高烟叶的产值与品质。但考虑到氯元素对烤烟品质形成影响的特殊作用，所以在生产过程中应结合当地生态条件、栽培措施以及土壤氯含量，进行适宜含氯化肥的施用，以使氯对烟叶的产量和质量形成正向作用。

第六节　不同氮肥形态配比对烟叶产质量及焦甜香特色的影响

1　材料与方法

1.1　试验材料

烤烟品种：云烟 87。

供试肥料：KNO_3（$K_2O>50\%$，$N=13.5\%$），NH_4HCO_3（$N=17.1\%$）。

1.2　试验地点

试验在兴文县周家镇进行，选择地势平坦且土壤肥力一致、前一年未种植烤烟的地块为试验地。

1.3　试验设计

试验采用随机区组设计，局部控制的原则，设置硝态氮和铵态氮的 5 种配比处理（表 6-38），各处理施总氮量相同，为 105 kg/hm²；肥料总量中 N：P_2O_5：$K_2O=7$：7：21；施基肥中氮用量 60 kg/hm²。均设置 3 次重复，随机排列。行株距为 110 cm×60 cm，种植密度为 15 000 株/hm²。试验每小区栽烟 3 行，每行栽种 10 株，共计 30 株/小区。精细化整地、起垄，通过统一的大田管理减少人为误差，各项农事操作均在同一天内完成。当烟株 50% 达现蕾至中心花开放进行一次性打顶，并确保上部叶能开片。

表 6-38　各处理中硝态氮和铵态氮配比

处理	硝态氮：铵态氮
A	5：1
B	4：2
C	3：3
D	2：4
E	1：5

1.4　试验方法

1.4.1　烟草农艺性状调查

按照 YC/T 142—2010 调查农艺性状。

1.4.2　烟叶经济性状测定

参考 GB 2635—92 进行分级，并计算上、中、下等级烟叶的重量、均价和产值。

1.4.3　外观质量评价

按照 GB/T 18771.4—2015 对烟叶的颜色、成熟度、叶片结构、身份、油分、色度进行量化评分。

1.4.4 烟叶常规化学成分分析

取初烤后烟叶进行常规化学成分分析，测定烟碱、总糖、还原糖、总氮、钾、氯含量。

1.4.5 烟叶感官质量评价

烟叶成熟采收烘烤后，选取具代表性的中部烟叶 C3F 等级烟叶切丝，卷制成长 84 mm、圆周 24.5 mm 的单料烟支，置于（22±1）℃和相对湿度（60±2）%的环境中调节含水率 48 h。按照 GB 5606.4—2005 进行评吸。评吸的指标包括香气质、香气量、劲头、余味等，依据评分的分值判别烟叶品质。

1.5 数据分析

数据采用 Excel 2010 和 SPSS 23.0 进行分析和处理。

2 结果与分析

2.1 烟株农艺性状分析

成熟时期不同处理烤烟农艺性状差异见表 6-39，对株高而言，A 处理显著高于 C、D 和 E 处理，与 B 处理间差异不显著，D 处理的株高最矮，为 96.78 cm；叶数和最大叶长在 5 个处理间无显著差异；茎围以 B 处理最粗，为 9.66 cm，显著粗于 A 处理，但与其他处理之间无显著差异；C 处理的最大叶宽最宽，显著宽于 A 和 D 处理，但与 B、C 处理之间无显著差异。

表 6-39 成熟期不同处理农艺性状分析

处理	株高（cm）	叶数（片）	茎围（cm）	最大叶长（cm）	最大叶宽（cm）
A	108.83a	18.17a	9.00b	71.33a	24.95b
B	104.36ab	19.00a	9.66a	72.50a	26.11ab
C	101.50bc	18.75a	9.56a	73.44a	28.09a
D	96.78c	18.61a	9.10ab	72.67a	25.40b
E	101.15bc	18.90a	9.17ab	73.90a	25.98ab

注：同列不同字母表示各处理在 0.05 水平上差异显著。

2.2 烟叶经济性状分析

经济性状分析结果（表 6-40）显示，产量以 A 处理最高，D 处理最低，且 A、C 处理显著高于 B、D、E 处理，B 处理显著高于 D 和 E 处理；产值以 C 处理最高，E 处理最低；均价及中上等烟比例以 C 处理最好。当硝态氮：铵态氮高于 3：3 时，烟叶产量、质量明显下降，影响烟叶收购均价。

表 6-40 不同处理烤烟经济性状分析

处理	产量（kg/hm²）	产值（元/hm²）	均价（kg/元）	中上等烟比例（%）
A	2 176.35a	37 975.50a	17.46ab	0.75b
B	2 072.55b	35 129.70b	16.95b	0.76b

（续表）

处理	产量（kg/hm²）	产值（元/hm²）	均价（kg/元）	中上等烟比例（%）
C	2 100.60a	38 797.95a	18.47a	0.81a
D	1 921.35c	28 570.35c	14.87c	0.68c
E	1 921.50c	28 440.75c	14.40c	0.69c

注：同列不同字母表示各处理在 0.05 水平上差异显著。

2.3　烟叶外观质量分析

外观质量分析结果（表6-41）表明，不同氮肥配比处理条件下，烤烟外观质量的总分（100分制）以 C 处理最高，为 75.20，A 处理其次，为 74.20，E 处理最低，为 72.45。烟叶总体表现为成熟度好，柔软有油分、身份适中、叶片结构疏松有弹性、呈现出明亮的柠檬黄或橘黄色。

表 6-41　不同处理烟叶外观质量分析

处理	颜色（0.30）	成熟度（0.25）	叶片结构（0.15）	身份（0.12）	油分（0.10）	色度（0.08）	总分 10分制	总分 100分制
A	2.40	2.00	1.20	0.84	0.50	0.48	7.42	74.20
B	2.25	1.88	1.28	0.84	0.60	0.48	7.32	73.20
C	2.40	1.88	1.30	0.86	0.60	0.48	7.52	75.20
D	2.30	2.00	1.20	0.84	0.50	0.48	7.32	73.20
E	2.25	1.88	1.20	0.80	0.60	0.52	7.25	72.45

注：括号内数值为不同指标的权重。

2.4　烟叶化学成分含量及协调性分析

不同处理烟叶化学成分含量及协调性不尽相同（图6-3、表6-42）。其中，钾含量以 C 处理最高，显著高于 B 和 D 处理，但与 A、E 处理之间差异不显著；氯含量以 E 处理最高，显著高于 A 和 D 处理；总糖含量以 D 处理最高，显著高于 A 和 B 处理；还原糖含量以 E 处理最高，显著高于 A、B 和 C 处理；烟碱含量以 A 处理最高，显著高于 C、D 和 E 处理；总氮含量以 B 处理最高，显著高于 D 处理，其余处理之间差异不显著；总体而言，除还原糖含量高于优质烟叶的范围外，其余指标含量均满足优质烟叶的规定。

由化学成分协调性综合评价结果（表6-42）可知，总分以 C 处理（88.01）最高，协调性最好，其次是 D 处理（87.77）和 E 处理（87.20），A 处理（79.71）最低。从单个指标来看，烟碱分值以 D、E 处理（100）最高，A 处理（59.00）最低；总氮分值以 A、C 和 E 处理（100.00）最高，B 处理（94.00）最低；还原糖分值 A、B 处理（100.00）最高，E 处理（77.50）最低；钾分值 C 处理（97.60）最高，D 处理（89.00）最低；糖碱比分值以 D 处理（100.00）最高，A 处理（85.08）最低；氮碱比分值则以 B 处理最高（92.99），然后分别是 E 处理（86.79）、D 处理（85.42）、C 处理（84.19）和 A 处理（81.11）；钾氯比分值处理之间差距较小，其中 A、C 和 D 处理均为 100.00，E 和 B 处理分别为 95.52 和 95.18。

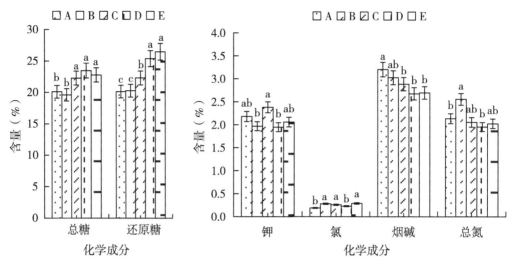

图 6-3 不同处理烟叶化学成分

注：柱上不同字母表示各处理在 0.05 水平上差异显著。

表 6-42 不同处理烟叶化学成分协调性分析

处理	烟碱 （0.17）	总氮 （0.09）	还原糖 （0.14）	钾 （0.08）	糖碱比 （0.25）	氮碱比 （0.11）	钾氯比 （0.09）	总分 （93 分）
A	59.00	100.00	100.00	93.60	85.08	81.11	100.00	79.71
B	77.00	94.00	100.00	89.40	86.46	92.99	95.18	83.11
C	91.00	100.00	98.40	97.60	94.78	84.19	100.00	88.01
D	100.00	96.00	82.95	89.00	100.00	85.42	100.00	87.77
E	100.00	100.00	77.50	91.20	99.63	86.79	95.52	87.20

注：括号内数值为不同指标的权重。

2.5 烟叶感官质量分析

由表 6-43 可以直观地看出，感官质量评分总分（100 分制）由高到低依次是 C 处理（69.07）＞E 处理（67.73）＞D 处理（67.55）＞B 处理（65.79）＞A 处理（61.92），除香气量以 E 处理分值最高外，其余指标的分值都是 C 处理最高。感官质量总体上表现为香气质较好、香气量较足，但略有些许的青杂气，进而导致余味欠舒适，烟叶刺激感表现较为明显。

表 6-43 不同处理烟叶感官质量分析

处理	香气质 （0.30）	香气量 （0.30）	杂气 （0.08）	余味 （0.17）	刺激性 （0.15）	总分	
						10 分制	100 分制
A	1.86	1.96	0.46	1.00	0.92	6.20	61.92
B	2.02	1.96	0.48	1.10	0.96	6.54	65.33
C	2.18	2.08	0.54	1.12	1.00	6.90	69.07
D	2.08	1.96	0.54	1.08	0.98	6.62	66.25
E	2.04	2.16	0.52	1.08	0.96	6.78	67.73

注：括号内数值为不同指标的权重。

2.6　综合评价

将烟叶外观质量、化学成分和感官质量分别赋予不同权重，计算得出综合评价的总分（表6-44）。总分由高到低依次为 C 处理（69.39）、E 处理（68.29）、D 处理（66.25）、B 处理（65.33）和 A 处理（62.91），表明 C 处理条件下的烟叶整体质量最好，除外观质量分值低于其余处理外，化学成分和感官质量分值都高于其余处理。焦甜香评吸得分以 C 处理（80.91）最高，焦甜香特征相较于 A 和 B 处理较为突出，但与 D 和 E 处理之间差别较为微弱。结合综合评价以及焦甜香得分的结果来看，C 处理综合质量最好，焦甜香感较突出。简单相关分析结果表明，不同形态氮素配比与综合评价总分的相关系数为-0.918*，与焦甜香评吸得分的相关系数为-0.617，表明过多的铵态氮不利于烟叶品质形成和焦甜香特色的彰显。

表6-44　不同处理综合评价

处理	外观质量 （0.06）	化学成分 （0.22）	感官质量 （0.66）	总分 （94 分）	焦甜香评吸得分 （100 分）
A	4.51	17.54	40.86	62.91	75.91
B	4.39	18.28	43.12	65.79	74.55
C	4.44	19.36	45.59	69.39	80.91
D	4.51	19.31	43.73	67.55	78.18
E	4.41	19.18	44.70	68.29	79.55

注：括号内数值为不同指标的权重。

3　结论

本试验结果表明，成熟时期烟株农艺性状在不同处理之间无明显的变化规律，且株高、茎围、叶数、最大叶长和最大叶宽的差异不大，说明不同处理对烟株农艺性状的影响不大；不同处理经济性状差异显著，产值、均价及中上等烟比例、烤烟外观质量、化学成分协调性均以铵态氮∶硝态氮＝3∶3时最好。氮元素作为烟草氨基酸、蛋白质、烟碱等含氮化合物的组成部分，影响烟草主要化学成分和香气组成，参与碳氮代谢、致香物质前体的形成，碱解氮与焦甜香之间存在显著正相关（相关系数为0.25*），因而对烟叶产量及质量的影响巨大。硝态氮和铵态氮作为两种不同形态、不同性质的重要氮肥，在植物根部的吸收、同化以及在植株体内的合成机理、转运方式也有很大的差异，因而不同比例的铵态氮与硝态氮配施相较于单施一种形态的氮肥，更有助于烟叶品质和致香物质的形成，有利于风格特色的彰显。

第七章

宜宾市生态烟叶 BMPs 的建立及应用

1 目标

1.1 植烟生态条件资料收集与分析研究

收集影响烟叶生长和品质的生态条件基础资料，包括气候因素，如温度、光照、热量、降雨、湿度等；土壤条件，如土壤类型、土壤质地、土壤矿质营养、土壤酸碱度等；以及海拔高度、地形地貌、森林覆盖率等，通过对植烟生态条件的分析研究，明确宜宾市生态条件特点和优势，为开发"生态焦甜香"特色优质烟叶奠定基础。

1.2 BMPs 在保护植烟生态环境方面的研究和应用

农业非点源污染主要指的是农村地区在农业生产和居民生活过程中产生的、未经合理处置的污染物对水体、土壤、空气及农产品造成的污染，具有位置、途径、数量不确定，随机性大，发布范围广，防治难度大等特点。在烟叶生产上，主要指的是在生产过程中因不合理使用而流失的农药、化肥、激素、重金属、残留薄膜、打掉的不适用烟叶、烟株残体等污染物。目前，国际上认为最具有代表性、效果较好的非点源污染控制技术措施为美国提出的最佳管理措施（Best Management Practices，BMPs），提倡运用管理和工程措施控制非点源污染。本研究在国内行业领先引入 BMPs 控制烟叶产区农业非点源污染，重点加强农药、化肥、植物激素、残留薄膜等污染源的综合治理研究，全面淘汰高毒、高残留农药，提高肥料利用率，消除白色污染，减轻对灌溉用水、植烟土壤和大气的污染，保护植烟清洁的生态条件，对促进宜宾生态烟叶可持续发展具有重要意义。

2 烟叶生产中耕作与栽培过程 BMPs 管理控制措施

2.1 宜宾市烟区产地环境评价

2.1.1 兴文县烟区环境概况

2.1.1.1 兴文县自然资源及社会经济条件

兴文县地处四川盆地南缘，境内最低海拔 275.6 m，最高海拔 1 795.1 m，属亚热带湿润性季风气候区，四季分明，县内年均气温 17.2 ℃，≥10 ℃的积温为 5 453 ℃，适宜多种作物生长。该县现辖 15 个乡镇，322 个农业村。2010 年兴文县全县国内生产总值（GDP，现价）45.07 亿元，2010 年农林牧渔业总产值 17.43 亿元，农业总产值 8.85 亿元，是一个以农业生产为主的山区农业县。2010 年农作物播种面积 4.70 万

hm^2，其中粮食作物播种面积 3.66 万 hm^2，粮食产量 19.69 万 t。该县的烤烟已经被纳入了四川省烤烟生产示范县，2010 年全县烤烟种植面积 2 926.67 hm^2，产量达 3 680 t。

该县耕地的有机质、全氮、碱解氮、有效磷与全国第二次土壤普查相比均有不同程度的提高。其中，九丝城镇的土壤有机质已经达到 25.12 g/kg，土壤中全氮、碱解氮、有效磷和有效钾的含量分别达到 1.28 g/kg、140.52 g/kg、12.17 g/kg 和 91.37 g/kg，总体呈现中等水平。

2.1.1.2 兴文县区域环境状况

近几年来，由于环保执行力度加大，区域环境更趋于优化。"十二五"三峡库区水污染防治规划已经将兴文县从原来的控制区调整为影响区，水体环境已经受到地方政府高度重视并持续得到改善。空气环境质量近年来持续改善，可吸入颗粒及二氧化硫的排放量总体呈现减少的趋势，总体维持在 II 级标准以上（图 7-1）。

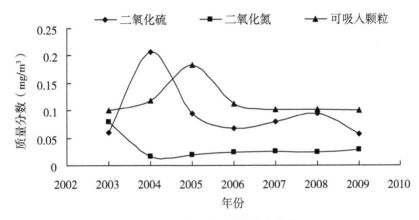

图 7-1 兴文县空气质量变化趋势

全县的工业污染源主要分布在仙峰、石海、周家、古宋、大河等乡镇。研究试点区九丝城镇无工业污染源，且该地区主要为山地，对其他乡镇的工业污染源能起到较好的阻隔和缓冲作用，因而该地区的自然生态环境总体较好。针对农村生活垃圾污染，九丝城镇大力发展垃圾集中收集及处理，减少污染。据 2009 年统计，全镇有 17 个自然村，其中有 10 个进行了垃圾集中收集和处理。而建成区的垃圾产生 2 190 t，均得到有效处理。根据《兴文县"十二五"环境保护规划》，全县将加强工业污染防治和大气环境污染防治与保护，积极推广低毒、低残留农药，推行农作物病虫害生物综合防治技术，推进农村生活垃圾及污水处理，减少面源污染强度。这些环保措施为九丝城镇的生态烟叶生产提供了可靠的外部环境保障。

2.1.2 珙县烟区环境概况

珙县地处宜宾南部，位于东经 104.633°~105.033°，北纬 27.883°~28.517°。北距宜宾市城区 46 km，南与大雪山相连，距云南省威信县城 69 km，西靠筠连县，东南、东北与兴文县、长宁县连界，是宜宾市南部的交通枢纽和物资集散地。2013 年，全县年均气温 18.8 ℃，年总降水量 1 423.8 mm，年日照时数 840.7 h。王家镇海拔高度为 780~1 670 m，全镇气候受乌蒙山和大雪山森林气候影响，总体气温偏低，多雨多雾天气较多，日照时间较短。有湿地生态系统 33.33 hm²，原始森林超过 600 hm²，人工林约 3 300 hm²，次生林约 1 300 hm²，森林覆盖率达 56%。

2014 年全县烟草播种面积 1 241 hm²，烟叶产量 2 358 t，其中，烤烟面积 936 hm²，烤烟产量 1 765 t。全县地表水、降水和大气环境质量相对较好。由表 7-1 可知，珙县长宁河渔箭滩断面以Ⅲ类水质为主，南广河腾达断面全年有 9 个月为Ⅲ类水质，3 个月为Ⅱ类水质，南广河洛亥镇断面全年则有 7 个月为Ⅱ类水质，仅 5 个月为Ⅲ类水质（表7-1）。表 7-2 的结果说明，珙县 2015 年 5—12 月的空气质量均较好，达到二级空气质量标准，质量标准表现为优或良。表 7-3 的结果表明，2015 年珙县降雨的 pH 为 7.13~8.14，呈弱碱性，属于非酸雨区，全年酸雨频率为 0。

表 7-1　珙县 2015 年河流水质评价结果

月份	长宁河渔箭滩断面	南广河腾达断面	南广河洛亥镇断面
1 月	Ⅳ	Ⅲ	Ⅲ
2 月	Ⅱ	Ⅲ	Ⅱ
3 月	Ⅱ	Ⅲ	Ⅱ
4 月	Ⅲ	Ⅱ	Ⅱ
5 月	劣 V	Ⅲ	Ⅲ
6 月	Ⅲ	Ⅲ	Ⅲ
7 月	Ⅲ	Ⅲ	Ⅲ
8 月	Ⅲ	Ⅲ	Ⅱ
9 月	Ⅲ	Ⅲ	Ⅱ
10 月	Ⅲ	Ⅲ	Ⅲ
11 月	Ⅲ	Ⅱ	Ⅱ
12 月	Ⅲ	Ⅱ	Ⅱ

注：数据来源于珙县环保局环境报告。

表 7-2　2015 年珙县大气环境质量结果

月份	SO_2（mg/m³）	NO_2（mg/m³）	PM_{10}（mg/m³）	O_{3-1h}（mg/m³）	O_{3-8h}（mg/m³）	CO（mg/m³）	$PM_{2.5}$（mg/m³）	API	AQI	空气质量级别	质量状况	超标因子	首要污染物
5 月	0.02	0.033	0.088	0.164	0.093	1.332	0.051	69	70	二级	良	无	$PM_{2.5}$
7 月	0.012	0.028	0.073	0.167	0.138	1.683	0.039	62	82	二级	良	无	O_{3-8h}
8 月	0.011	0.026	0.058	0.136	0.110	1.860	0.038	54	58	二级	良	无	O_{3-8h}
9 月	0.010	0.029	0.045	—	—	—	—	44	—	一级	优	—	—
10 月	0.011	0.029	0.059	—	—	—	—	52	—	二级	良	—	—
11 月	0.018	0.038	0.097	—	—	—	—	73	—	二级	良	—	—
12 月	0.029	0.040	0.108	—	—	—	—	79	—	二级	良	—	—

注：数据来源于珙县环保局环境报告，符号"—"表示未取得相关数据。API 指空气污染指数，AQI 指空气质量指数。

表 7-3　2015 年珙县降水污染状况

月份	酸雨频率（%）	pH	污染程度
1 月	0	7.40	非酸雨区
2 月	0	7.32	非酸雨区
3 月	0	7.33	非酸雨区
4 月	0	8.13	非酸雨区
5 月	0	7.51	非酸雨区
6 月	0	8.14	非酸雨区
7 月	0	7.76	非酸雨区
8 月	0	7.54	非酸雨区
9 月	0	7.11	非酸雨区
10 月	0	7.56	非酸雨区
11 月	0	7.34	非酸雨区
12 月	0	7.35	非酸雨区

注明：污染程度分为重酸雨区（$pH \leqslant 4.5$）、中酸雨区（$4.50 < pH \leqslant 5.00$）、轻酸雨区（$5.00 < pH \leqslant 5.60$）、非酸雨区（$pH > 5.60$）。数据来源于珙县环保局环境报告。

2.2　BMPs 管理措施构建

传统农业生产面临着严重的农业环境危害，造成严重的农业非点源污染。3 种最主要的农业非点源污染途径是水土流失、营养物质流失和农药流失。与点源污染的确定性相比，农业非点源污染具有多种污染特征，主要包括分布广泛性、分散性和隐蔽性、时空动态转移性、潜在威胁性等。因此，农业非点源污染对农业生态环境的危害巨大。在烟草生产过程中若忽视栽培过程的环境控制，会导致严重的农业非点源污染，烟草生产过程对环境的污染主要来自水土流失、农药残留及流失、化肥流失、烟叶采收后废弃秸秆污染等。BMPs 则是防治或减少农业非点源污染最有效和最实际的措施，USEPA 将最佳管理措施定义为任何能够减少或预防水资源污染的方法、措施或操作程序，包括工程、非工程措施的操作与维护。具体说来，BMPs 包括工程措施、耕作措施和管理措施 3 种类型，BMPs 通过生态结合这 3 种措施进行农业非点源污染的控制。结合宜宾生态烟叶生产实际，通过耕作制度、生产全过程技术优化、末端治理、政策管理措施等可以有效地减少农业非点源污染现象的发生，从而成为可持续的清洁生产。

为此，借鉴 BMPs 的基础理论与实践，结合生态烟叶生产实际，构建生态烟叶生产的 BMPs 技术及管理措施体系，对宜宾及其他烟区的清洁生产和可持续发展具有重要的指导意义。图 7-2 为借鉴 BMPs 理论构建的宜宾市生态烟叶生产 BMPs 技术及管理措施体系。

该体系包括生产过程 BMPs 技术及管理措施体系和初加工过程 BMPs 技术与管理

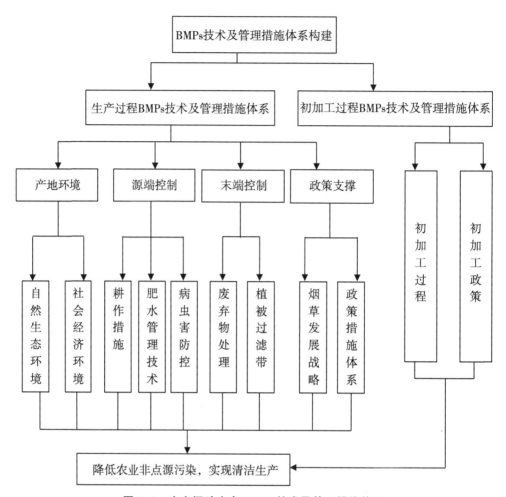

图 7-2 宜宾烟叶生产 BMPs 技术及管理措施体系

措施体系。对于生产过程 BMPs 技术与管理措施体系来说，由于生态烟叶生产过程注重产地环境是否符合生产条件，而社会经济条件对环境也会产生一定影响，因而将产地的自然生态环境和社会经济环境作为该 BMPs 体系的要件之一。而烟叶生产过程的耕作措施、肥水管理技术及病虫害防控直接影响非点源污染源的产生，因而其控制措施则作为源端控制的策略；即使源端可进行较好的控制，但仍然会产生潜在的水土流失及养分流失，同时烟叶采收后会产生废弃秸秆，为此将废弃物处理和植被过滤带作为末端控制策略；烟草发展战略和政策措施体系是决定宜宾市生态烟叶生产的重要决策策略，同时又会对烟叶生产过程产生重要影响，进而影响农业非点源污染源的产生，由此说明，政策支撑是生态烟叶生产 BMPs 体系下农业非点源污染控制的重要保障。另外，烟草在初加工过程中也会产生部分污染，初加工过程的 BMPs 技术与管理措施体系主要包括初加工过程及初加工政策两方面。

2.3　生产过程源端控制措施

2.3.1　土壤环境控制

在 2013 年生产和管理方式研究的基础上进行总结优化，实施了生产过程和产地环境全程优化与控制。通过对土壤环境的分析可知，基地环境总体较好，无重金属超标现象，基本达到国家一级的标准。另外，基地位于九丝城镇海拔较高的山坡，方圆 5 km 范围均无大型煤矿，虽然基地位于喀斯特地貌区，但由于未进行矿产开采，采矿工业基本未对基地水源造成污染。根据 2011 年兴文县环保局的监测显示，该县出境断面的水质各指标均低于Ⅲ类标准的限值，其中，砷、汞、铜、锌、镉、铅、硒等重金属元素均为未检出状态。区域大气环境总体表现优良，对基地的生态生产无任何不良影响。

2.3.2　耕作措施

耕作措施是控制生态烟草生产过程产生非点源污染的重要措施之一。由于宜宾生态烟叶生产主要分布在山地，因而土壤耕作制度常常会对非点源污染产生较大影响，若耕作措施不当，则会引起水土流失，营养物质进入水体后导致水体富营养化。2013 年九丝城镇坪山村试验地采用等高耕作，将坡地上的耕地，沿着等高线形成梯田，实现拦蓄雨水，增加土壤入渗能力，减轻水土流失。

2.3.3　肥水管理技术

2.3.3.1　肥料的选择与施用

结合生态烟叶生产，采用综合肥力管理措施进行肥料的选择与施肥技术采用。结合该试验点土壤有机质相对较低的现状，施肥过程中注重有机肥的投入，进行培肥，施肥过程中根据烟叶生长发育过程对肥力的需求进行平衡施肥。施肥过程中，采用基肥深施和穴施，以避免造成非点源污染，同时提高作物对肥料的利用率。

2013 年坪山村试验地肥料的选择主要以有机肥为主，辅以天然矿质肥料。所有肥料均为非化学合成，保证品质，避免了肥料使用过程中导致的次生土壤污染。有机肥的施用，大大改善了土壤结构，使土壤形成更多的团粒结构，使其具有更强的水稳性特征，提高了土壤的保水保肥能力。由于有机质对土壤的改造，施入的矿质肥料绝大部分保留在试验田，减少了营养物质的流失和非点源污染的发生。试验点烟草生产过程中所使用的肥料见表 7-4。

表 7-4　烟草生产基肥投入情况及特点

名称	用量（kg/hm²）	肥料特点
有机肥	37 500	非化学合成
天然硝酸钾	375	非化学合成
钙镁磷肥	300	非化学合成
油枯	300	非化学合成

2.3.3.2　水分管理

农田中养分和农药的流失在很大程度上取决于地表径流的强度和径流量。合理的灌溉制度对烟草来说既可以满足其高产所需的水分，同时也可避免因为灌溉过多导致养分和农药等流失的情况，减少农业非点源污染的产生。坪山村试验地采用合理灌溉，未使用漫灌。灌溉过程中，采用集雨池中的符合质量要求的水进行穴灌和非充分灌溉，既符合节水灌溉的要求，同时未产生径流进而避免了水土流失和养分流失。

2.3.3.3 病虫害防控

传统烟草生产常采用化学农药进行病虫害防治，化学农药在使用时易在土壤和植株体残留，进而影响烟草品质，残留在土壤中的农药对第二年烟草生产也会造成不良影响。为实现烟叶的生态生产，试验地采用病虫害综合管理（IPM），基于生态学原则，并根据病虫害与环境之间的关系，充分发挥自然控制因素的作用，因地制宜地协调环境间的关系，将病虫害控制在经济损失水平以下，以获得最佳的经济、社会和生态效益。试验地采用的主要 IPM 措施是以农业防治、物理防治、生物防治为主，绝不采用化学防治的技术措施体系。在整地前进行土地翻耕，但不喷洒化学除草剂，避免了除草剂对土壤环境的影响。烟草生长过程中主要采用物理防治和生物农药进行病虫害管理。试验地主要采用的生物农药防治措施及物理防治措施如表 7-5 所示，其中对蚜虫的防治采用了诱蚜黄板，其利用蚜虫、飞虱、斑潜蝇等害虫对黄色的正趋性，在黄色捕虫板上涂一层环保型的高黏度防水胶，害虫一旦飞上黄板，就会被粘住而死亡，黄板对瓢虫、食蚜蝇等蚜虫的自然天敌完全无害，因此也有利于生物防治；太阳能杀虫灯则根据害虫趋光、趋波、趋色、趋性的特性，引诱害虫扑向灯的光源，并被高压击杀。烟草生长过程中的黑胫病、烟青虫、地老虎等病虫害则采用生物农药进行防控。经对烟草大田生长发育进程观察发现，达到了有效防治的目的。

表 7-5 试验田病虫害防治方法

名称	防治对象	使用方法	实际使用情况	防治类型
波尔多液	青枯病	喷施	2 次	非化学合成
百抗芽孢杆菌可湿性粉剂	黑胫病	喷施	3 次	生物农药
3%多抗霉素	赤星病	喷施	2 次	生物农药
0.5%卫保水剂	白粉病	喷施	发病初期用	生物农药
0.5%氨基寡糖水剂	烟草病毒病	喷施	3 次	生物农药
3%超霉蛋白	烟草病毒病	喷施	1~2 次	生物农药
0.6%苦参碱水剂	烟青虫、烟蚜	喷施	1 次	生物农药
土地宝贝	地老虎	灌根	移栽时兑水	生物农药
诱蚜黄板	蚜虫	放置于烟田	每 6.5 m³ 挂 1 个，高于烟株 15 cm	物理防治
太阳能杀虫灯	害虫	放置于烟田	团棵前完成，高于烟株 1~1.5 m	物理防治

2.4　生产过程末端控制技术

2.4.1　废弃物处理

　　烟叶叶片是烤烟生产的产品，经济产量只是生物产量的一部分。烟叶生产过程中的经济系数一般为 0.4。因此，约占 60% 的在烟叶生产过程中形成的生物产量因未得到有效利用而浪费掉了。烟草秸秆不仅含有大量的有机质，而且还有大量的无机养分和微量元素，若能够对其进行合理处理后还田，将大大减少外源养分的输入，同时能有效地改善土壤结构，维持和提升土壤地力。烟草秸秆沼气发酵和堆肥处理是两个重要的处理方式。

　　2014 年实施烟草秸秆生产沼气试验。试验设计如下：发酵原料烤烟秸秆取宜宾市王家镇的露天腐解半年的烤烟秸秆。通过粉碎机粉碎秸秆至长度为 3 mm 左右，并接种活性污泥。试验装置主要由发酵瓶、集气瓶、计量瓶和恒温生化培养箱组成。发酵瓶选用 1 000 mL 规格，并用带导气管的橡胶塞密封，集气瓶为 500 mL 广口瓶，采用排水法进行收集和计量，计量瓶为 500 mL 广口瓶，恒温。发酵秸秆和接种物总固体质量比为 4 : 6，取秸秆 35 g 接种物 100 g，在 30 ℃下进行产沼气试验。结果显示，在发酵 8 d 和 30 d 左右分别出现 2 个产气高峰。但在 2 个时间段内出现产沼气低谷。其原因是出现产气高峰后，秸秆分解加快，生态酸逐渐积累，抑制甲烷菌的生长，发酵产沼气速度减慢。随着系统自我调节功能的实现，沼气产量逐渐增加，原因是甲烷菌活性和生长恢复正常，第 28 d 达到最高水平，此后逐渐降低，其原因是发酵底物在逐渐减少。总发酵时间持续 50 d，总收集沼气 4 420 mL。

　　沼气发酵试验表明，烟草秸秆与一定量的甲烷菌混合湿发酵，能正常进行沼气生产，可以对秸秆起到有效处理作用。沼液和沼渣可以作为优质的有机肥还田，并能促进烤烟植株的生长发育和品质。研究表明，采用沼液配制的营养液与漂浮育苗专用营养液相比，明显提高了根系生物量，沼液比育苗专用肥不同程度地增加了烟苗的总根长、根平均直径、根表面积、根体积、侧根数，明显促进了烟苗根系的生长，其根系发达、粗壮，有助于移栽后快速返苗。移栽后使用沼肥的研究表明，在烤烟生长过程中施用沼肥，能促进烤烟早生快发，茎秆显著变粗，叶面积显著变大，干物质积累也显著增加；同时，沼肥能使烟叶中硝酸还原酶和蔗糖转化酶活性提高，促进烟株的碳、氮代谢，从而增加烤烟生产的产量和产值。沼肥对烤后烟叶的化学成分影响也较大，总糖、还原糖和钾等成分含量增加，烟碱含量降低。

　　综上说明，将区域内的烟草废弃秸秆进行沼气发酵处理，一方面能提供农村生活能源，沼液、沼渣还田可以促进烤烟生长发育，提高烤烟品质；另一方面能使烤烟种植生态系统得到有效的循环，提升土壤地力，减少对外源物质的需求。

2.4.2　植被过滤带

　　植被过滤带（VFS）的产生与发展是与水体污染日益加重紧密相关的。VFS 是将产生污染的区域与周围水体隔离开来的植被带，VFS 过滤污染物的基本机理包括滞留径流中的沉积物和其携带的污染物，植被吸收养分，土壤中生态和无机成分对污染物的吸附及土壤微生物对污染物的降解、转化和固定。宜宾市烟区土层较薄，山地较多，部分地区是喀斯特地貌，更容易发生营养物质和固体物质随地表水流失的情况。根据宜宾烟叶生产实际，在烟田周围及梯田田坎种上一定宽度的植被，能有效地阻止和吸收农业生产活动过程中产生的如氮、磷等物质，同时还能截留固体污染物质。李怀恩等（2009）在对黑河流域的研究中发现，选择 10 m 的植被过滤带，显著降低了流入水体的悬浮固体。对于宜宾市烟区植被过滤带的宽度，应因地制宜，在条件允许的情况下，可以适当宽些。

2.5 政策措施

2.5.1 大力培育烟叶生产新型经营主体，为生态生产提供支撑

为更有效地进行生态烟叶生产和管理规范，可按照依法、自愿、有偿原则，因势利导培育新型烟叶生产经营主体，引导烟区农村土地承包经营权有序流转，发展壮大烟叶家庭农场，大力发展烟叶生产专业合作社，发展适度规模经营。大力发展综合服务型合作社或烟叶生产农事服务超市，构建全方位、低成本、便利高效的烟叶生产服务体系。为生态烟叶生产和质量控制提供有利的条件。

2.5.2 扩大建设生态烟草示范片，促进生态技术体系的推广辐射

在宜宾市进行合理布局，坚持高起点、高水平、高质量、标准化建设生态烟叶示范片，实现生产组织化、劳动机械化、生态技术集成化、品牌特色化，充分发挥示范片的引领带动作用。

2.5.3 加强生态烟叶生产补贴力度，促进生态烟叶快速发展

相对于传统烟叶生产，生态烟叶生产由于对环境的有效控制和采用生态环保的耕作栽培措施，产生了较强的正外部效应，这种正外部效应表现为：生产环境得到了较大的优化、土壤地力水平得到了稳步提高、污染性物质得以减少、水土流失得到了治理、废弃物得到了有效利用，更重要的是生产出了更生态环保的烟叶产品。然而，在生态生产初期阶段，生态产品这种正外部效应也很难通过市场完全得以内部化。环境优化、地力提升等清洁生产途径也作为公共品提供给了当地的居民，生态生产者也不可能向享受者进行收费。因此，对这种烟叶生态生产的正外部性行为，烟叶生产管理者应当采用补贴和津贴方式对这种效应进行"内部化"，并对其进行刺激激励。在激励时，烟草部门除直接给予补贴外，还可通过政策性金融支持、生态生产技术支持、优先采购生态烟叶支持、辅助建立生态烟叶品牌、申报生态认证等手段增强对扩大宜宾生态烟叶生产的激励。

2.5.4 加强组织领导，确保实现生态生产发展

坚持和完善各级烟叶生产组织制度，形成烟草公司主导、协同推进的工作机制。制定支持生态烟叶产业发展的措施和办法，加强协调配合，共同推动烟叶生态生产规模扩大，持续稳定地发展。宜宾各烟叶生产区县应把烟叶生态生产作为烟叶种植结构调整、助农增收的有效手段来抓，制定生态烟叶产业发展规划。同时，在落实生态烟叶产业发展的优惠政策、补贴政策、基础设施管护等方面给予重点倾斜。加大金融支持力度，完善信贷担保机制，探索建立生态烟叶生产政策性农业保险制度。

2.5.5 推进周年生态生产体系的建设

目前宜宾市烟区烟叶生产以年间轮作为主。然而，从前述分析可看出，烟叶后茬作物进行生态种植存在落实难等问题，这给烟叶生态生产的可持续发展带来较大困扰。因

此，烟叶管理部门应联合农业管理部门制定周年生态生产政策和技术支撑体系和产品品牌培育，实现周年完全生态生产，可有效地保证生态生产的可持续性。

2.5.6　宜宾烟叶生态生产 BMPs 体系标准化生产

为更好地控制宜宾烟叶的生态生产过程，依据宜宾区域现状制定了"宜宾市'生态焦甜香'生态烟叶生产技术方案"，从基地选址、育苗、起垄、移栽、施肥、大田管理、病虫草害防治、包装与运输等环节进行了概述。同时，配合前述末端措施、内环境管控、政策体系的实施，可以促进区域生态烟叶生产和 BMPs 体系控制。

3　BMPs 体系管理评价

3.1　指标体系构建

体系目标是生态烟叶 BMPs 控制评价体系，准则层包含系统输入控制、环境影响控制和系统输出控制 3 个准则；指标层包含了 6 个总体指标和 15 个分指标。所构建的生态烟叶 BMPs 评价指标体系如图 7-3 所示。

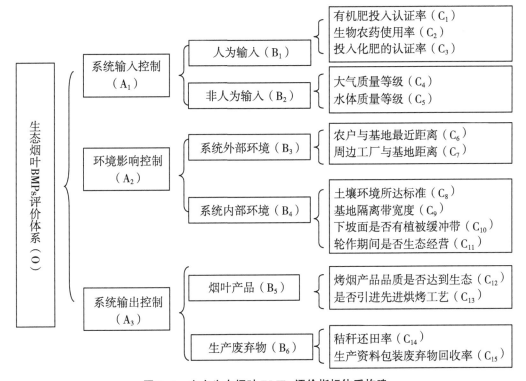

图 7-3　宜宾生态烟叶 BMPs 评价指标体系构建

根据指标体系构建原则，结合上述生态烟叶生产的影响因素分析，综合总结筛选评价指标，构建了宜宾生态烟叶 BMPs 评价指标体系。该体系包括目标层、准则层和指标层。评价过程中，BMPs 评价指标体系中的每一单项指标均是从不同侧面来反映其环境控制目标的，因而必须进行综合评价。为保障评价的可靠性和科学性，依据现有的研究资料和本研究轮作模式筛选条件的实际，可采用多目标线性加权函数法对生态烟叶生产系统进行评价，即上一层指标是由其对应的下层指标组计算得到的。

$$\vec{A} = \vec{B} \cdot \vec{W}$$ (7-1)

式中，A 为上层指标值；B 为下层指标向量值；W 为下层指标权重向量。

3.2 权重分配

根据咨询相关专家的结果，并对数据进行整理，利用方根法对生态烟叶 BMPs 评价指标体系进行处理，得到各层次指标的权重值分配，如表 7-6 所示。

表 7-6 指标权重值分配

总目标	准则层	权重	约束层	权重	指标层	权重
生态烟叶 BMPs 评价指标体系 (O)	系统输入控制（A₁）	0.460	人为输入（B₁）	0.667	有机肥投入认证率（C₁）	0.333
					生物农药使用率（C₂）	0.333
					投入化肥的认证率（C₃）	0.333
			非人为输入（B₂）	0.333	大气质量等级（C₄）	0.400
					水体质量等级（C₅）	0.600
	环境影响控制（A₂）	0.319	系统外部环境（B₃）	0.500	农户与基地最近距离（C₆）	0.400
					周边工厂与基地距离（C₇）	0.600
			系统内部环境（B₄）	0.500	土壤环境所达标准（C₈）	0.167
					基地隔离带宽度（C₉）	0.167
					下坡面是否有植被缓冲带（C₁₀）	0.115
					轮作期间是否生态经营（C₁₁）	0.551
	系统输出控制（A₃）	0.221	烟叶产品（B₅）	0.400	烤烟产品品质是否达到生态（C₁₂）	0.667
					是否引进先进烘烤工艺（C₁₃）	0.333
			生产废弃物（B₆）	0.600	秸秆还田率（C₁₄）	0.500
					生产资料包装废弃物回收率（C₁₅）	0.500

3.3 指标的无量纲化处理

由于各指标的量纲不同，其评价的标准也不同，为了将各个指标合成综合评价结果，必须将每个指标进行无量纲化处理（即将指标值与其标准值相比较）。

指标层的各指标按照宜宾烟叶 BMPs 生产的保障程度可划分为 100 分、80 分、60 分、40 分、20 分、0 分 6 个基本评分档次。100 分为保障程度很好，80 分为较好，60 分为一般，40 分为较差，20 分为很差，0 分为无保障。本研究中的各指标对宜宾生态烟叶 BMPs 的评分标准主要是结合宜宾试验点的实际情况进行核定。确定的指标体系评分标准如表 7-7 所示。对于实际指标值介于两个相邻评分标准之间的情况，采用线性插值法确定其具体得分。

表 7-7 指标实际值和评分标准

指标	单位	实际值	参数说明	评分标准					
				100 分	80 分	60 分	40 分	20 分	0 分
有机肥投入认证率（C_1）	%	100	无	≥90	85	80	75	70	≤65
生物农药使用率（C_2）	%	100	无	100	95	90	85	80	≤75
投入化肥的认证率（C_3）	%	100	非化学合成的矿质肥料计入认证	≥95	90	85	80	75	≤70
大气质量等级（C_4）	级	2	根据 2015 年珙县空气质量等级计	1	2	3	4	5	>5
水体质量等级（C_5）	级	3	根据 2015 年珙县地表水质量等级计	1	2	3	4	5	>5
农户与基地最近距离（C_6）	km	1	以认证的基地为基础	≥0.5	0.4	0.3	0.2	0.1	≤0.05
周边工厂与基地距离（C_7）	km	20	以认证的基地为基础	≥5	4	3	2	1	≤0.1
土壤环境所达标准（C_8）	%	90	以王家镇的土壤环境指标为基础	100	95	90	85	80	≤75
基地隔离带宽度（C_9）	m	8	以认证区的基地为基础	≥10	8	6	4	2	≤1.5
下坡面是否有植被缓冲带（C_{10}）	%	50	以认证区的基地为基础	≥90	80	70	60	50	≤40
轮作期间是否生态经营（C_{11}）	%	0	以认证区的基地为基础	≥90	80	70	60	50	≤40
烤烟产品品质是否达到生态（C_{12}）	%	100	以认证区的基地为基础	100	95	90	85	80	≤70
是否引进先进烘烤工艺（C_{13}）	%	80	以认证区的基地为基础	≥90	80	70	60	50	≤40
秸秆还田率（C_{14}）	%	10	以认证区的基地为基础	≥90	80	70	60	50	≤40
生产资料包装废弃物回收率（C_{15}）	%	100	以认证区的基地为基础	≥90	80	70	60	50	≤40

3.4 各指标评分结果

参照表 7-7 的评分标准，并利用线性插值法进行处理，得出宜宾烟叶 BMPs 的保障程度指标体系各指标的评分结果（表 7-8）。

表7-8 指标评分结果

指 标	单位	实际值	评价值	指 标	单位	实际值	评价值
有机肥投入认证率（C_1）	%	100	100	基地隔离带宽度（C_9）	m	8	80
生物农药使用率（C_2）	%	100	100	下坡面是否有植被缓冲带（C_{10}）	%	50	20
投入化肥的认证率（C_3）	%	100	100	轮作期间是否生态经营（C_{11}）	%	0	0
大气质量等级（C_4）	级	2	85	烤烟产品品质是否达到生态（C_{12}）	%	100	100
水体质量等级（C_5）	级	3	80	是否引进先进烘烤工艺（C_{13}）	%	80	80
农户与基地最近距离（C_6）	km	1	100	秸秆还田率（C_{14}）	%	10	0
周边工厂与基地距离（C_7）	km	20	100	生产资料包装废弃物回收率（C_{15}）	%	100	100
土壤环境所达标准（C_8）	%	90	60				

3.5 BMPs体系总体评价

根据上述评价方法及评价模型，经过综合计算，获得宜宾生态烟叶生产过程BMPs保障水平总体评价结果（表7-9）。结果表明，研究区域生态烟叶生产的BMPs保障能力接近较好的水平。就具体影响因素来说，系统输入控制做得最好，对人为输入和非人为输入的控制能力较强，从输入层面上保障了生态烟叶的生产过程。但环境影响控制明显表现得不尽如人意，评价值仅为62.84，处于一般的水平，其中造成环境影响控制偏低且起主导作用的因子是系统内部环境控制上表现较差，具体表现为下坡面的植被缓冲带未有效建立，同时由于烤烟生产连作障碍严重，虽然烟叶生产过程中严格实施了生态生产，但在季后作物管理上缺乏进行生态生产有效管理。在系统输出控制上，烟叶产品控制较为严格，保障能力达到很好的水平，但生产废弃物处理上目前仍然存在一些不足，主要表现为烟叶秸秆还田率还太低。

表7-9 BMPs体系总体评价结果

总目标	评价结果（100分）	准则层	评价结果（100分）	约束层	评价结果（100分）
生态烟叶BMPs评价指标体系	78.17	系统输入控制（A_1）	94.01	人为输入（B_1）	100.00
				非人为输入（B_2）	82.00
		环境影响控制（A_2）	62.84	系统外部环境（B_3）	100.00
				系统内部环境（B_4）	25.68
		系统输出控制（A_3）	67.34	烟叶产品（B_5）	93.34
				生产废弃物（B_6）	50.00

参考文献

鲍士旦，2000. 土壤农化分析[M]. 2 版. 北京：中国农业出版社.

常爱霞，贾兴华，郝廷亮，等，2002. 特香型烤烟挥发性致香物质的测定与分析[J]. 中国烟草科学，23（1）：1-5.

陈江华，刘建利，李志宏，等，2008. 中国植烟土壤级烟草养分综合管理[M]. 北京：科学出版社.

陈俊标，李淑玲，谭铭喜，等，2008. 特色烟叶开发研究进展[J]. 广东农业科学（s1）：98-99，123.

陈岚凤，2012. 土壤质地对烤烟产质量及其风格特征的影响[D]. 福州：福建农林大学.

陈巧玲，汪汉成，沈启荣，等，2012. 生物有机肥对盆栽烟草根际青枯病原菌和短芽孢杆菌数量的影响[J]. 南京农业大学学报，35（1）：75-79.

陈壮壮，郭俊杰，陈泽鹏，等，2015. 不同施肥模式对烤烟氮钾肥利用效率及产量和品质的影响[J]. 华北农学报，30（5）：180-188.

程昌新，卢秀萍，许自成，等，2005. 基因型和生态因素对烟草香气物质含量的影响[J]. 中国农学通报，21（11）：137-139，182.

程智敏，蔡毅，向金友，等，2015. 宜宾市烤烟焦甜香型烟叶栽培技术[J]. 宜宾科技（1）：21-23.

戴彬，黄德文，杨苏，等，2018. 湖南烟区烟叶中微量元素含量与化学指标的相关及逐步回归分析[J]. 湖南农业大学学报（自然科学版），44（4）：360-364.

邓小华，周冀衡，陈冬林，等，2008. 湖南烤烟氯含量状况及其对评吸质量的影响[J]. 烟草科技，41（2）：8-12，16.

窦玉青，刘新民，程森，等，2012. 论我国有机烟叶开发[J]. 中国烟草科学，33（2）：98-99.

杜舰，张锐，张慧，等，2009. 辽宁植烟土壤 pH 值状况及其与烟叶主要品质指标的相关分析[J]. 沈阳农业大学学报，40（6）：663-666.

杜咏梅，刘新民，程森，等，2012. 宣威上部烤烟主要化学指标与其清香型风格典型性关系分析[J]. 中国烟草科学，33（3）：42-46.

范艺宽，毛家伟，叶红朝，2013. 不同品种、施氮量、种植密度对烤烟农艺性状、经济性状和化学品质的影响[J]. 河南农业科学，42（12）：46-50.

高冬冬，刘忠丽，孙希文，等，2013. 我国有机烟叶主要病虫害防治方法研究进展[J]. 贵州农业科学，41（6）：118-122.

高净净，2017. 洛阳烤烟风格质量定位评价及其与生态的关系[D]. 郑州：河南农业大学.

高净净，赵铭钦，梅雅楠，等，2015. 洛阳烤烟风格彰显度与常规化学成分的关系[J]. 中国烟草科学，36（5）：38-43.

高琴，2013. 不同氮肥处理对烤烟生长发育及其品质的影响[D]. 郑州：河南农业大学.

高振宁，赵克强，肖兴基，等，2009. 有机农业与有机食品[M]. 北京：中国环境科学出版社.

古战朝，2012. 烤烟主产区生态因子与烟叶品质的关系[D]. 郑州：河南农业大学.

顾少龙，2011. 遗传因素和施氮量对豫中烤烟品质和风格特色的影响[D]. 郑州：河南农业大学.

顾学文，王军，谢玉华，等，2012. 种植密度与移栽期对烤烟生长发育和品质的影响[J]. 中国农学通报，28（22）：258-264.

郭怡卿，张光煦，马剑雄，等，2009. 有机烟叶及其生产[J]. 西南农业学报，22（6）：1793-1794.

韩冰，刘惠民，谢复炜，等，2009. 卷烟主流烟气中挥发和半挥发性成分分析[J]. 烟草科技，42（10）：35-39.

洪华俏，2008. 卷烟主流烟气中香气成分的研究[D]. 长沙：湖南农业大学.

黄一兰，王瑞强，王雪仁，等，2004. 打顶时间与留叶数对烤烟产质量及内在化学成分的影响[J]. 中国烟草科学，25（4）：18-22.

计玉，袁有波，涂永高，等，2011. 种植密度和施氮量对有机烟叶农艺性状及产质量的影响[J]. 贵州农业科学，39（11）：55-59.

江豪，陈朝阳，王建明，等，2002. 种植密度、打顶时期对云烟85烟叶产量及质量的影响[J]. 福建农林大学学报（自然科学版），31（4）：437-441.

介晓磊，王镇，化党领，等，2010. 生物有机肥对土壤氮磷钾及烟叶品质成分的影响[J]. 中国农学通报，26（1）：109-114.

景延秋，官长荣，张月华，等，2005. 烟草香味物质分析研究进展[J]. 中国烟草科学，26（2）：44-48.

黎旺姐，李勇，张刚，等，2017. 不同生长温度对烟草叶片游离氨基酸含量及脯氨酸和苯丙氨酸代谢的影响[J]. 基因组学与应用生物学，36（3）：1043-1054.

黎妍妍，许自成，王金平，等，2007. 湖南烟区气候因素分析及对烟叶化学成分的影响[J]. 中国农业气象，28（3）：308-311.

李丹丹，许自成，毕庆文，等，2008. 兴山烟区不同海拔高度烤烟气候适生性综合评价[J]. 西北农林科技大学学报（自然科学版），36（6）：78-84.

李洪勋，2007. 有机肥与烤烟生产关系的研究进展[J]. 中国土壤与肥料（1）：5-8，12.

李怀恩，庞敏，杨寅群，等，2009. 植被过滤带对地表径流中悬浮固体净化效果的试验研究[J]. 水力发电学报，28（6）：176-181.

李佳颖，2013. 宜宾烤烟品质区划及风格特色物质基础研究[D]. 郑州：河南农业大学.

李建伟，郑少清，石俊雄，等，2003. 不同氮素形态配比对烤烟品质的影响[J]. 西南农业大学学报（自然科学版），25（5）：436-439.

李玲燕，2015. 烤烟典型产区烟叶香气物质关键指标比较研究[D]. 北京：中国农业科学院.

李念胜，王树声，1986. 土壤 pH 值与烤烟质量[J]. 中国烟草（2）：12-14.

李强，2011. 曲靖烤烟品质特征及主要生态因素对其影响的研究[D]. 长沙：湖南农业大学.

李天福，王树会，王彪，等，2005. 云南烟叶香吃味与海拔和经纬度的关系[J]. 中国烟草科学，26（3）：22-24.

李文卿，陈顺辉，李春俭，等，2010. 不同施氮水平对烤后烟叶中性致香物质含量的影响[J]. 中国烟草学报，16（6）：14-20.

李志，史宏志，刘国顺，等，2010. 土壤质地对皖南烤后烟叶中性香气成分含量及焦甜香风格的影响[J]. 中国烟草学报，16（2）：6-10.

李祖良，2012. 成熟期不同土壤水分状况对烤烟生长发育及品质和产量的影响[D]. 郑州：河南农业大学.

林桂华，周冀衡，范启福，等，2002. 打顶技术对烤烟产质量和生物碱组成的影响[J]. 中国烟草科学，23（4）：8-12.

刘炳清，翟欣，许自成，等，2015. 贵州乌蒙烟区气候特征及其对烟叶化学成分的影响[J]. 甘肃农业大学学报，50（3）：113-118.

刘国顺，2003. 烟草栽培学[M]. 北京：中国农业出版社.

刘国顺，杨超，祖朝龙，等，2008. 皖南烟叶香气成分因子及关联度分析[J]. 土壤通报，39（6）：1404-1409.

刘峘，2005. 烟叶打叶复烤工艺与设备[M]. 郑州：河南科学技术出版社.

刘雷，2010. 单热源同时蒸馏萃取器：ZL200920243964[P]. 2010-09-08.

刘亚琦，2014. 氮肥用量及成熟度对烤烟品质的影响[D]. 郑州：河南农业大学.

陆永恒，2007. 生态条件对烟叶品质影响的研究进展[J]. 中国烟草科学，28（3）：43-46.

罗井清，肖艳松，钟权，等，2017. 郴州浓香型烟叶生产现状及发展对策[J]. 湖南农业科学（8）：116-118.

马继良，肖雅，刘彦中，等，2011. 曲靖烟叶物理性状与海拔及经纬度的关系分析[J]. 烟草科技，44（8）：79-83.

马坤，刘素参，杨辉，等，2011. 不同有机肥对生态有机烟叶生长及品质的影响[J]. 贵州农业科学，39（7）：75-80.

马新明，李春明，袁祖丽，等，2005. 镉和铅污染对烤烟根区土壤微生物及烟叶品质的影响[J]. 应用生态学报, 16 (11): 2182-2186.

马莹, 2007. 黔西南特色烟叶质量特征及配套技术[J]. 中国烟草科学, 28 (6): 17-21.

孟焕, 2012. 移栽密度和施氮量对有机烟叶产量和质量的影响[D]. 长沙: 湖南农业大学.

彭华伟, 刘国顺, 吴学巧, 等, 2008. 生物有机肥对烤烟氮磷钾积累吸收和含量的影响[J]. 中国烟草科学, 29 (1): 25-29.

彭兴扬, 叶青松, 肖艳, 等, 2005. 有机农业土壤培肥途径与技术[J]. 湖北农业科学 (2): 71-73.

彭艳, 周冀衡, 杨虹琦, 等, 2008. 烟草专用肥与不同有机肥配施对烤烟生长及主要化学成分的影响[J]. 湖南农业大学学报 (自然科学版), 34 (2): 159-163.

钱华, 杨军杰, 史宏志, 等, 2012. 豫中不同土壤质地烤烟烟叶中性致香物质含量和感官质量的差异[J]. 中国烟草学报, 18 (6): 17-22.

乔学义, 王兵, 熊斌, 等, 2017. 全国烤烟烟叶特征香韵地理分布及变化[J]. 烟草科技, 50 (5): 66-72.

邱立友, 2008. 皖南烟区烤烟特殊香气风格形成机理研究[D]. 郑州: 河南农业大学.

邱立友, 祖朝龙, 杨超, 等, 2010. 皖南烤烟根际微生物与焦甜香特色风格形成的关系[J]. 土壤, 42 (1): 45-52.

任小利, 王丽萍, 徐大兵, 等, 2012. 菜粕堆肥与无机肥配施对烤烟产量和品质以及土壤微生物的影响[J]. 南京农业大学学报, 35 (2): 92-98.

申宴斌, 2009. 刘彦中不同留叶数对烤烟新品种 NC297 生长及产质量的影响[J]. 中国烟草科学, 30 (6): 57-60.

沈燕金, 张一扬, 李德青, 等, 2015. 文山烟叶主要化学成分与海拔经纬度相关性分析[J]. 湖南农业科学 (11): 29-31.

石孝均, 霍沁建, 关博谦, 等, 2007. 重庆市烤烟氯素营养研究[J]. 西南大学学报 (自然科学版), 29 (3): 74-80.

史宏志, 1998. 烟草香味学[M]. 北京: 中国农业出版社.

史宏志, 韩锦峰, 刘国顺, 等, 1998. 烤烟碳氮代谢与烟叶香吃味关系的研究[J]. 中国烟草学报, 4 (2): 56-63.

宋淑芳, 2014. 保山生态因素对烟叶质量的影响及烤烟品种适应性研究[D]. 长沙: 湖南农业大学.

宋莹丽, 陈翠玲, 焦哲恒, 等, 2014. 土壤质地分布与烟叶品质和风格特色的关系[J]. 烟草科技, 47 (7): 75-78.

孙玉利, 王晓瑜, 刘绍锋, 等, 2016. 串联冷阱捕集-气相色谱/质谱法分析卷烟主流烟气气相成分[J]. 烟草科技, 49 (3): 41-49.

唐国俊, 高迟銮, 蒋士东, 等, 2014. 氮素形态及配比对烤烟的氮素利用率及品质的影响[J]. 湖南农业科学 (16): 21-23.

唐远驹, 2004. 试论特色烟叶的形成和开发[J]. 中国烟草科学, 25 (1): 10-13.

王彪, 李天福, 2005. 气象因子与烟叶化学成分关联度分析[J]. 云南农业大学学报, 20 (5): 742-745.

王聪, 2012. 四川烟区烟叶质量与经纬度的相关性研究[D]. 郑州: 河南农业大学.

王铎, 晋艳, 杨焕文, 等, 2009. 有机肥对烤烟部分生理指标的影响[J]. 中国农学通报, 25 (6): 131-135.

王广山, 陈卫华, 薛超群, 等, 2001. 烟碱形成的相关因素分析及降低烟碱技术措施[J]. 烟草科技, 31 (2): 38-42.

王红丽, 陈永明, 杨军杰, 等, 2015. 遮光对广东浓香型烤烟色素降解产物及质量风格的影响[J]. 江西农业学报, 27 (3): 70-73.

王晖, 2007. 凉山烟区紫色土土壤养分和烤烟品质特点及其关系分析[D]. 郑州: 河南农业大学.

王靖渊, 2016. 有机肥料对烤烟根际土壤微生物多样性及烤烟产质量影响[D]. 长沙: 湖南农业大学.

王柯涵, 2018. 烟叶挥发油提取定量优化及晾晒烟调制初期的挥发油研究[D]. 成都: 四川农业大学.

王李芳, 2011. 水氮耦合对泸州烟区烤烟产量和质量的影响[D]. 郑州: 河南农业大学.

王刘胜, 马戎, 2013. 浓香型产区烟叶主要化学成分与风格品质特色及其关系研究[J]. 中国烟草科学, 34 (5): 28-32.

王鹏, 李丽杰, 李江力, 等, 1999. 烤烟磷素营养状况与施用技术研究[J]. 土壤肥料 (4): 30-32.

王鹏泽, 2016. 河南烟叶质量风格定位及与化学成分的关系研究[D]. 郑州: 河南农业大学.

王瑞, 刘国顺, 倪国仕, 等, 2009. 植烟密度对烤烟不同部位叶片光合特性及其同化物积累的影响[J]. 作物学报, 35 (12): 2288-2295.

王瑞新, 1985. 烟草化学[M]. 北京: 中国农业出版社.

王岩, 刘国顺, 2006. 不同种类有机肥对烤烟生长及其品质的影响[J]. 河南农业科学, 35 (2): 81-84.

王彦亭, 谢剑平, 李志宏, 2010. 中国烟草种植区划[M]. 北京: 科学出版社: 25-39.

王镇浦, 周国华, 罗国安, 1989. 偏最小二乘法 (PLS) 及其在分析化学中的应用[J]. 分析化学 (7): 662-669.

吴春, 王轶, 蒲文宣, 等, 2012. 中间香型烟叶特色彰显度与主要化学成分的相关及通径分析[J]. 中国烟草科学, 33 (4): 1-6.

武雪萍, 钟秀明, 秦艳青, 等, 2006. 不同种类饼肥与化肥配施对烟叶香气质量的影响[J]. 中国农业科学, 39 (6): 1196-1201.

肖相政, 刘可星, 张志红, 等, 2010. 生物有机肥对烤烟生长及相关防御性酶活性的影响[J]. 华北农学报, 25 (1)：175-179.

谢晋, 严玛丽, 陈建军, 等, 2014. 不同铵态氮硝态氮配比对烤烟产量、质量及其主要化学成分的影响[J]. 植物营养与肥料学报, 20 (4)：1030-1037.

徐茜, 2011. 南平烤烟氯化钾的施用效应与影响机理研究[D]. 福州：福建农林大学.

徐照丽, 2008. 云南生态环境与云南烤烟香气品质关系的探讨[J]. 中国农学通报, 124 (8)：196-200.

许自成, 杜娟, 解燕, 等, 2011. 云南曲靖土壤因素对烤烟风格和品质的影响[J]. 中国生态农业学报, 19 (6)：1277-1282.

杨超, 2008. 皖南烤烟质量特色与土壤生态关系研究[D]. 郑州：河南农业大学.

杨虹琦, 周冀衡, 罗泽民, 等, 2004. 不同时期打顶对烤烟内在化学成分的影响[J]. 湖南农业科学 (4)：19-22.

杨虹琦, 周冀衡, 杨述元, 等, 2005. 不同产区烤烟中主要潜香型物质对评吸质量的影响研究[J]. 湖南农业大学学报 (自然科学版), 31 (1)：11-14.

杨军杰, 史宏志, 王红丽, 等, 2015. 中国浓香型烤烟产区气候特征及其与烟叶质量风格的关系[J]. 河南农业大学学报, 49 (2)：158-165.

杨军杰, 宋莹丽, 于庆, 等, 2014. 成熟期减少光照时数对豫中烟区烟叶品质的影响[J]. 烟草科技, 47 (8)：82-86.

杨利云, 李军营, 王丽特, 等, 2015. 光环境对烟草生长及物质代谢的影响研究进展[J]. 基因组学与应用生物学, 34 (5)：1114-1128.

杨兴有, 刘国顺, 伍仁军, 等, 2007. 不同生育期降低光强对烟草生长发育和品质的影响[J]. 生态学杂志, 26 (7)：1014-1020.

杨兴有, 刘国顺, 余祥文, 等, 2014. 光照条件对烤烟叶片理化指标和致香物质含量的影响[J]. 中国农业气象, 35 (4)：417-422.

杨艳东, 贾方方, 刘新源, 等, 2019. 烤烟叶片氯密度高光谱预测模型的建立[J]. 河南农业科学, 48 (5)：155-160.

杨永霞, 张嘉炜, 贾宏昉, 等, 2016. 成熟期温度对烟叶质体色素积累及香气成分的影响[J]. 烟草科技, 49 (5)：16-22.

杨跃华, 李军营, 邓小鹏, 2012. 云南烟区种植密度与施氮水平互作对烤烟生长及品质的影响[J]. 广东农业科学, 39 (23)：49-52.

余志虹, 陈建军, 林锐锋, 等, 2012. 不同打顶方式对烤烟农艺性状及上部叶可用性的影响[J]. 华南农业大学学报, 33 (4)：429-433.

翟书华, 侯思名, 刘凌云, 等, 2011. 云南大理州拉乌乡有机烟种植调查与分析研究[J]. 昆明学院学报, 33 (6)：27-30.

张光煦, 郭怡卿, 马剑雄, 等, 2012. 有机与常规种植方式烤烟综合效益分析[J]. 西南农业学报, 25 (1)：73-79.

张焕菊, 陈刚, 王树声, 等, 2015. 应用生物有机肥减少烤烟化肥用量试验研究[J]. 中国烟草科学, 36 (1)：48-53.

张诗卉，2014. 氮肥对恩施州烤烟氮分配及品质的影响[D]. 郑州：河南农业大学.

张喜峰，张立新，高梅，等，2012. 密度与氮肥互作对烤烟圆顶期农艺及经济性状的影响[J]. 中国烟草科学，33（5）：36-41.

张新要，袁仕豪，易建华，等，2006. 有机肥对土壤和烤烟生长及品质影响研究展[J]. 耕作与栽培（5）：20-21.

张延春，陈治锋，龙怀玉，等，2005. 不同氮素形态及比例对烤烟长势、产量及部分品质因素的影响[J]. 植物营养与肥料学报，11（6）：81-86.

赵铭钦，杨磊，李元实，等，2009. 不同施氮水平对烤烟中性致香成分及评吸质量的影响[J]. 云南农业大学学报，24（1）：16-21.

甄才红，刘国顺，王彦亭，等，2010. 海拔对恩施州烤烟中性致香物质含量的影响[J]. 河南农业科学，39（6）：49-53.

郑丹，2009. 烤烟香气物质的成分及其影响因素研究进展[J]. 江西农业学报，21（3）：23-26.

郑昕，史宏志，杨兴有，等，2018. 施氮量与留叶数对万源晒红烟产质量和香气成分的影响[J]. 中国烟草科学，39（1）：49-56.

周初跃，郭东锋，姚忠达，等，2014. 焦甜香烟叶形成的气象因素分析[J]. 中国烟草科学，35（3）：32-36.

周冀衡，2005. 产烟国部分烟区烤烟质体色素及主要挥发性香气物质含量的比较[J]. 湖南农业大学学报（自然科学版），31（2）：128-132.

朱佩，2014. 皖南焦甜香烟叶形成的土壤特征及氮素吸收规律[D]. 北京：中国农业科学院.

祖朝龙，季学军，马称心，等，2010. 皖南土壤和烟叶中矿质元素含量与烟叶焦甜香特色风格的关系[J]. 土壤，42（1）：26-32.

左天觉，朱尊权，1993. 烟草的生产、生理和生物化学[M]. 上海：上海远东出版社.